辽河油田公司培训系列丛书

采油现场故障判断与处理

辽河油田公司党委组织部/人力资源部　编

石油工业出版社

内 容 提 要

本书本着精准培训的原则，将采油生产涉及的28种设备，分为抽油机类设备、常用机泵类设备、加热设备、计量设备、原油处理设备、水处理设备、安全附件等七大类，逐一介绍其基础知识、常见故障分析与处理措施以及案例分析。本书全面总结了这28种设备在生产过程中经常发生的故障，阐述故障发生的原因及问题的判断，最后提出处理方法，具有较强的针对性和实用性。

本书可作为采油生产岗位员工的培训教材，也可用作相关技术人员阅读。

图书在版编目（CIP）数据

采油现场故障判断与处理 / 辽河油田公司党委组织部 / 人力资源部编 . —北京 ：石油工业出版社，2024.10

（辽河油田公司培训系列丛书）

ISBN 978-7-5183-6952-2

Ⅰ. TE93

中国国家版本馆 CIP 数据核字第 2024Y72M94 号

出版发行：石油工业出版社

（北京安定门外安华里 2 区 1 号楼　100011）

网　址：www.petropub.com

编辑部：（010）64256770

图书营销中心：（010）64523633

经　　销：全国新华书店

印　　刷：北京中石油彩色印刷有限责任公司

2024 年 11 月第 1 版　2024 年 11 月第 1 次印刷

710 × 1000 毫米　开本：1/16　印张：14.5

字数：230 千字

定价：50.00 元

《采油现场故障判断与处理》
编委会

主　　任：杨立龙

副 主 任：滕立勇

委　　员：任延哲　潘瑞生　华晋伟　李永斌　赵云峰

朱健辉　王　亮　李忠权　雷广发

《采油现场故障判断与处理》
编审人员

主　　编： 张明凡

副 主 编： 房　伟　张　群

编写人员：（按姓氏笔画排序）

卜　欣　于永伟　王　帅　朱明哲　刘　辉
刘世英　李文志　李向晖　杨　威　杨振东
邹振涛　张跃富　张景志　范　炜　范立明
郑秀海　郑楠楠　赵立华　赵奇峰　赵敬党
柳转阳　姜正礼　党福明　高　磊　高文斌
姬梦阳　黄云峰　董长东　韩亚东　程　斌
程振华　蔡英雄

审核人员：（按姓氏笔画排序）

王延明　王丽娜　王英南　王敏祥　孔祥宇
田　成　田　斌　史凤立　朱铭君　庄　园
刘　胜　刘祥会　刘耀玉　孙晶华　苏军辉
李　锐　李旭东　宋　鸽　张少波　武连永
施　超　韩　斌　温　凯　谢淇名　解世伟

前 言

为了更好地促进数字化生产转型，提高采油岗位工人的技术水平和操作技能，指导岗位操作，实现岗位操作标准化、设备管理科学化，由辽河油田组织人事部门牵头，沈阳采油厂组织编写了本书。本书以采油生产设备为主线，分为抽油机类设备、常用机泵类设备、加热设备、计量设备、原油处理设备、水处理设备、安全附件等七大类28种设备。每种设备都按基础知识、常见故障分析与处理措施、案例分析的形式编写。

在编写本书前，编者多次到油田生产计量站、输油站、注水泵站进行走访、调研，深入了解各类设备的现状，广泛征求技术人员和操作人员的意见，经过反复斟酌，确定了全书内容。在编写过程中，紧紧围绕目前油田生产实际，引入了大量的采油设备工艺和技术，增强了本书的科学性和实用性。同时，引用了大量的插图，增强了本书的可读性和可操作性。

本书的编写，得到了辽河油田公司相关部门和沈阳采油厂相关专业科室、采油作业区等单位及辽河油田公司两级技能专家部分成员的大力支持和帮助，在此表示衷心的感谢。

由于编者水平有限，本书难免有不当之处，敬请广大读者予以指正。

编者

2024年10月

目录

第一章 抽油机类设备故障判断与处理

抽油机是油田生产有杆泵采油中应用最广的设备，以稳定的运行来抽取地下的原油。抽油机根据是否有游梁，可分为游梁式抽油机和无游梁式抽油机。无游梁式抽油机主要分为链条式抽油机和钢绳抽油机，本章主要介绍游梁式抽油机、链条式抽油机以及长冲程智能抽油机。由于长期地在野外环境工作，使用周期不断地增长，故障率也随之呈现上升趋势。

第一节　游梁式抽油机

游梁式抽油机是基本特点是结构简单，制造容易，使用方便。特别是它可以长期在油田全天候运转，使用可靠。因此，尽管游梁式抽油机存在驴头悬点运动的加速度较大、平衡效果较差、效率较低，在长冲程时体积较大和笨重等缺点，但仍然是应用最广泛的抽油机。

一、基础知识

1. 结构

游梁式抽油机主要是由四大部分组成，如图 1-1 所示。

（1）游梁部分：悬绳器、驴头、游梁、中轴、尾轴、横梁、连杆、曲柄销。

（2）支架部分：中轴承座、工作梯、护圈、操作台、支架。

（3）减速器部分：底座、减速器支座、减速器、曲柄、配重块、刹车等部件。

（4）配电部分：电动机支架、电动机、配电箱等。

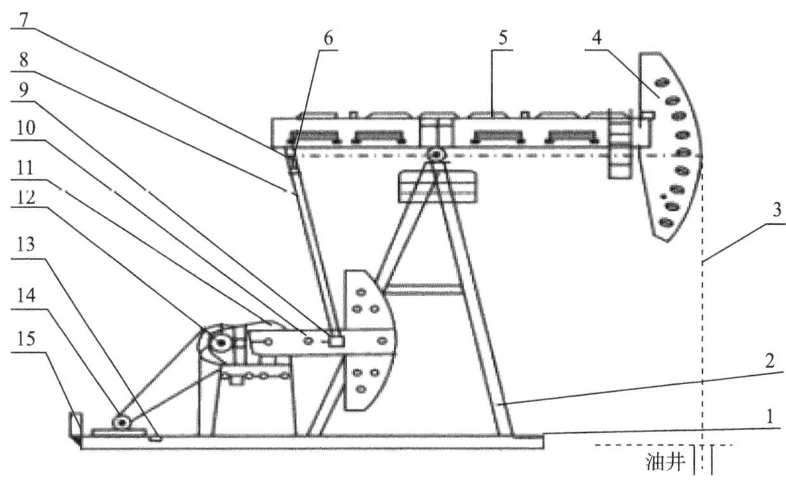

图 1-1　游梁式抽油机结构图

1—底座；2—支架；3—悬绳器；4—驴头；5—游梁；6—尾轴承座；7—横梁；8—连杆；9—曲柄销装置；10—曲柄装置；11—减速器；12—刹车保险装置；13—刹车装置；14—电动机；15—配电箱

2. 结构特点

（1）整机结构合理、工作平稳、噪声小、操作维护方便。

（2）游梁选用箱式或工字钢结构，强度高、刚性好、承载能力大。

（3）减速器采用人字形渐开线或双圆弧齿形齿轮，加工精度高、承载能力强，使用寿命长。

（4）驴头可采用上翻、上挂或侧转三种形式之一。

（5）刹车采用外抱式结构，配有保险装置，操作灵活、制动迅速、安全可靠。

（6）底座采用地脚螺栓连接或压杠连接两种方式之一。

3. 工作原理

游梁式抽油机的工作过程是由动力机（通常为电动机或柴油机、天然气发动机）经传动皮带将高速旋转运动传递给减速器，经三轴两级减速后，由曲柄连杆机构将旋转运动转换为游梁的上、下摆动。挂在驴头上的悬绳器通过抽油杆带动抽油泵柱塞作上、下往复运动，将油井产出液抽汲至地面。

4. 产品型号

以 CYJ10-3-57HB 型号为例，各部分含义如图 1-2 所示。

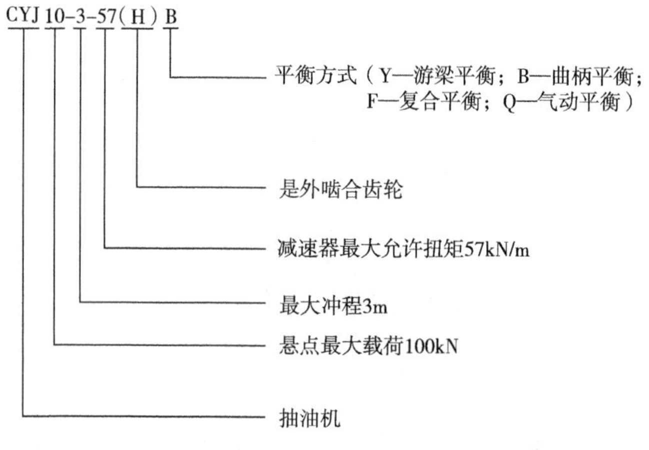

图 1-2　抽油机型号示意

5. 抽油机维护及注意事项

1）日常维护

（1）检查抽油机刹车锁块与手柄是否在行程的 1/2 ～ 2/3 之间，各连接部位完好，灵活好用。

（2）驴头停在下死点，断电刹紧刹车，检查驴头对中状况。

（3）缓慢松开刹车，当驴头运行到便于操作的位置时刹紧刹车。

（4）检查并紧固各部分固定螺栓。

（5）检查各润滑部位的润滑状况。

（6）检查减速器机油是否足够，是否变质，检查齿轮啮合状况。

（7）检查皮带松紧度及皮带轮“四点一线”。

（8）清除抽油机外部油污。

（9）检查配电箱内元器件、线路是否完好。

（10）对脱漆、生锈部位进行除锈防腐处理。

（11）保养结束后启动抽油机。

2）注意事项

（1）严格按照一级保养周期 700 ～ 800h 进行保养。

（2）用手锤检查螺栓紧固时必须敲击螺栓正面，不得敲击棱角，不得逆时针敲击。

（3）检查减速器机油时，一定要注意检查其呼吸阀畅通状况。

（4）启抽或停抽时要侧身操作，操作时戴绝缘手套。

（5）启动抽油机时，严禁抽油机附近站人和有障碍物。

（6）雨雪天要防止电器设备漏电伤人。

（7）检查抽油机曲柄、皮带轮等转动部位防护装置是否齐全、完好，防止曲柄及皮带轮转动部位导致人员伤害。

（8）检查皮带松紧度时严禁手握皮带，以免夹伤手指。

（9）操作刹车锁片时，防止刹车锁片夹伤手。

（10）上抽油机操作时不能携带工具，必须用工具袋装好，用绳子吊运，防止工具坠落伤人。

（11）高空作业时脚下要站稳，登高作业超过 2m 以上必须系好安全带，悬挂高度以高于身高、拉紧为原则，所用工具必须拴牢，以免导致高空坠落事故。

（12）使用工具时要轻拿轻放，防止敲击和碰撞；操作要平稳，规格型号要配套，防止打滑。

（13）操作时和操作结束后，必须确认流程正确，观测压力正常后方可进行或离开。

（14）一级保养的重要内容就是“十字作业”，即紧固、润滑、防腐、调整、清洁。

二、常见故障分析与处理方法

游梁式抽油机故障原因分析及处理方法见表 1-1。

表 1-1　游梁式抽油机故障原因分析及处理方法表

序号	故障现象	故障原因分析	处理方法
1	支架摆动，底座和支架振动，电动机发出不均匀噪声	(1) 地基建筑不牢； (2) 底座与地脚螺栓接触不牢； (3) 支架底板与底座接触不牢； (4) 抽油机光杆未对准井口； (5) 悬绳器上光杆承受载荷过大； (6) 抽油机运转不平衡； (7) 井内结蜡、蜡卡或砂卡	(1) 安装设计建造地基； (2) 在不牢靠的地方灌注水泥； (3) 加垫金属垫片； (4) 重新校机使光杆对准井口； (5) 根据井下载荷情况选择合适的抽油机型号； (6) 调整抽油机的平衡； (7) 洗井或进行修井作业
2	曲柄销松动或轴向移位，发生周期性响声	(1) 曲柄销锁紧螺母松动； (2) 曲柄销孔有杂物； (3) 曲柄销圆锥面磨损	(1) 紧固曲柄销螺母； (2) 清洗曲柄销及孔后重新安装曲柄销； (3) 更换新曲柄销
3	曲柄销未松动，但发出周期性响声	(1) 轴承坏； (2) 轴承内缺润滑脂	(1) 更换曲柄销轴承或新曲柄销； (2) 补充润滑脂
4	减速器发热，机油温度高于 60℃	(1) 润滑油过多或过少； (2) 润滑油牌号不对或变质	(1) 按机油液面要求加润滑油； (2) 选择牌号一致润滑油更换
5	减速器工作不正常，轴承部位发热或轴承等部位有噪声	(1) 润滑油不足； (2) 轴承盖或密封部位摩擦； (3) 轴承磨损或摩擦； (4) 齿面磨损，侧隙增大； (5) 轴承空隙过大或过小； (6) 斜齿轮键槽松旷	(1) 补充润滑油； (2) 上紧轴承盖及连部分螺栓； (3) 清洗轴承，检查更换新轴承； (4) 更换齿轮，按规定润滑； (5) 调整轴承空隙； (6) 拆开修理
6	电动机过热，有噪声	(1) 抽油机运转不平衡或超载运转； (2) 抽油机反向运动； (3) 电动机无润滑油； (4) 轴承损坏； (5) 电动机风扇叶损坏	(1) 检查运转工况调整系统参数； (2) 调换运转方向； (3) 加润滑油； (4) 修理或更换电动机； (5) 更换新风扇
7	减速器漏油	(1) 润滑油过多； (2) 箱盖之间结合不良； (3) 呼吸阀孔堵塞造成减速器内压高； (4) 放油丝堵未上紧	(1) 使油位恢复到规定液面； (2) 均匀上紧合箱螺栓； (3) 疏通呼吸阀孔； (4) 紧固放油丝堵
8	刹车不灵	(1) 刹车行程过大，刹车片与刹车轮未能有效接触； (2) 刹车片磨损； (3) 刹车片或刹车轮有油污附着	(1) 调整刹车纵向和横向行程，确保刹车间隙合适； (2) 更换新刹车片； (3) 清洗刹车片或刹车轮附着的油污

续表

序号	故障现象	故障原因分析	处理方法
9	驴头部位有响声，驴头侧板与钢丝绳摩擦	（1）钢丝绳缺油； （2）抽油机不平衡； （3）游梁轴承不对中； （4）驴头歪斜或变形； （5）抽油机基础下沉	（1）钢丝绳抹油或更换钢丝绳； （2）调整平衡； （3）调整轴承座或基础位置； （4）检查驴头的形状，确定是否更换驴头或游梁； （5）抽油机吊离，基础重新造面凝固后抽油机复位
10	减速器齿面损坏，有点状腐蚀	（1）减速器超载运行造成啮合点受力过大； （2）抽油机不平衡造成啮合点受力过大； （3）润滑油不符合规定要求，啮合点无有效润滑； （4）润滑油量不充足，达到不润滑要求； （5）正常磨损或减速器齿轮制造质量不良	（1）降低载荷运转； （2）调整平衡； （3）更换润滑油； （4）补充润滑油量； （5）对减速器进行大修或更换
11	连杆拉断	（1）连杆销被卡住； （2）曲柄销上不平衡力过大； （3）连杆接头焊接质量或材料有问题	（1）正常安装连杆销； （2）消除不平衡的现象，重新校正抽油机； （3）检查焊接质量和材料质量
12	曲柄与减速器输出轴连接损坏，发生周期性急剧跳动	（1）曲柄键因受力过大造成损坏或变形； （2）曲柄与输出轴连接松动； （3）输出轴上键槽损坏	（1）更换损坏变形曲柄键及键槽的位置； （2）上紧曲柄尾部拉紧螺栓； （3）调换键槽位置，更换新曲柄键
13	运转时连杆刮碰曲柄平衡重块	（1）游梁安装不正，中心线与底座中心线不重合； （2）平衡重块铸造不符合标准，凸出部分过高	（1）调校抽油机，调整游梁中心线与底座中心线重合； （2）削去平衡块凸起部分
14	尾轴承座螺栓松动，有异响	（1）游梁焊接止板与尾轴座之间有空隙； （2）固定螺栓退扣； （3）安装尾轴时未清理止板，止板上有脏物	（1）重新焊新止板； （2）紧固固定螺栓； （3）卸下尾轴，清理止板上脏物后重新安装
15	游梁前移	（1）中轴座固定螺栓松动； （2）固定中轴 U 形卡松动	（1）紧固中轴座固定螺栓； （2）紧固 U 形卡螺栓
16	平衡块固定螺栓松动，有异响	（1）固定螺栓松动； （2）平衡块与曲柄间有脏物	（1）紧固螺栓； （2）清理脏物后紧固螺栓
17	皮带松弛脱落	（1）使用的皮带长度不一致； （2）电动机滑轨的固定螺栓松弛； （3）电动机固定螺栓松弛	（1）更换长度一致皮带； （2）紧固滑轨固定螺栓； （3）紧固电动机固定螺栓

续表

序号	故障现象	故障原因分析	处理方法
18	减速器内发出敲击声	（1）抽油机平衡状况差； （2）轴上齿轮与轴配合松弛发生位移； （3）齿轮过度磨损或断齿； （4）轴承磨损或损坏	（1）调整抽油机平衡率； （2）更换减速器； （3）更换减速器； （4）更换减速器
19	驴头侧板开裂	（1）抽油机负荷超重； （2）侧板锈蚀严重，承载能力下降； （3）抽油机冲次过高，造成脉冲载荷大	（1）选择负载合适抽油机调换； （2）侧板焊接加强板； （3）降低抽油机冲次
20	抽油机底座压杠螺栓断，底座随抽油机上冲程、下冲程振动	（1）压杠螺栓加工质量差； （2）抽油机底座与基础有悬空； （3）抽油机基础下沉； （4）抽油机冲次过快	（1）更换新压杠螺栓； （2）在悬空处加斜铁； （3）抽油机吊离，基础重新造面凝固后抽油机复位； （4）降低抽油机冲次

第二节　链条式抽油机

游梁式抽油机在运行时存在较大的加速度，从而深井泵与抽油机在上、下往复运动中有较大的惯性载荷，对抽油机的整体运行造成很大的影响。为改善抽油机的运动性能，提高节能效果，减少整机重量和占地面积，近年在油田现场应用的无游梁式抽油机种类较多，有塔架式和链条式等，其中最具代表性的是链条抽油机。

一、基础知识

1. 结构

链条式抽油机主要由动力传动系统、换向系统、平衡系统、悬重系统及机架底座等组成，如图 1-3 所示。但因运动件多、管理难度大、可靠性低等缺点影响了其现场应用与发展。虽然为提高可靠性，在用特制宽平胶带代替悬重钢丝绳、增加主链条改善受力状况及改变平衡方式等方面做了一些改进，但在现场的应用仍因寿命较短而逐渐减少。

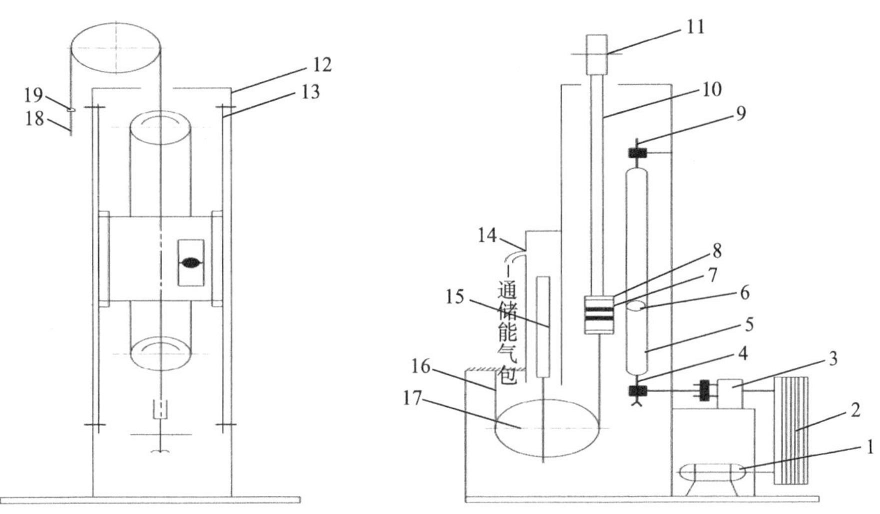

图 1-3　链条式抽油机结构图

1—电动机；2—胶带传动副；3—减速器；4—主动链轮；5—主链条；6—特殊链节；7—滑块；8—往返架；9—上链轮；10—钢丝绳；11—天车轮；12—机架；13—导轨；14—平衡缸；15—气缸柱塞；16—平衡链条；17—平衡链轮；18—光杆；19—悬绳器

2. 结构特点

链条式抽油机具有结构紧凑、平衡调节方便、冲程长等显著优点，特别适用于在大型机及海洋采油平台或丛式井采油上应用。

3. 工作原理

链条式抽油机工作原理是由动力机供给动力，经减速器将动力机的高速转动变为链条的低速转动，并由特殊链节及主轴销—滑块机构将旋转运动变为抽油机往返架的上、下往复运动，经绕过天车轮的悬绳器总成带动深井泵工作。

4. 平衡方式

链条式抽油机采用的是气动平衡，调平衡操作方便，只需要根据负荷调整气压即可，平衡度可达 95% 左右。

二、常见故障分析与处理方法

链条式抽油机故障原因分析及处理方法见表 1-2。

表 1-2　链条式抽油机故障原因分析及处理方法表

序号	故障现象	故障原因分析	处理方法
1	支架摆动，底座和支架振动，电动机发出不均匀噪声	（1）地基建筑不牢； （2）底座与地脚螺栓接触不牢； （3）支架底板与底座接触不牢； （4）抽油机未对准井口； （5）悬绳器上光杆过载； （6）抽油机不平衡； （7）井内结蜡、蜡卡或砂卡	（1）安装设计建造地基； （2）在不牢靠的地方灌注水泥； （3）加垫金属垫片； （4）对准井口； （5）根据说明书制定运转规则； （6）调整抽油机的平衡； （7）洗井或进行修井作业
2	运转声音不正常	（1）气压不平衡； （2）轨迹链条松度过大； （3）滚轮与轻轨间隙不合适； （4）往返架滑块润滑不好； （5）主轴销松动、轻轨螺栓松	（1）调气压（用电流表测定）； （2）调上链轮顶丝至合适； （3）调滚轮弹簧的张紧程度； （4）补油或疏通油斗孔； （5）扭紧主轴销及轻轨螺栓
3	刹车时不能停在预定的位置，同时拉刹车感觉很轻；松刹车刹车推不动	（1）刹车行程没有调整好，行程过大，拉到底时刹车片才能起到作用； （2）刹车片遭到严重磨损； （3）刹车片被润滑油染污，不能起到良好的制动作用； （4）刹车中间的润滑不好或大小摇臂有一个卡死，拉到位置后刹车仍不起作用	（1）调整刹车形成在 1/3 ～ 1/2 之间，并且调整刹车凸轮位置； （2）更换严重磨损的刹车片； （3）清理刹车里的油迹； （4）拆开刹车中间座，清理油道加注黄油

续表

序号	故障现象	故障原因分析	处理方法
4	链条断裂	（1）链条老化； （2）链条拉紧不当，过松或过紧； （3）链条磨损、撞击； （4）链节脱落、弹断等	（1）更换链条； （2）调整松紧； （3）定期巡检、保养； （4）维修或更换
5	减速箱发热，油箱温度高；油从减速器上盖和底座的合口处或从油封处渗漏	（1）减速箱内润滑油过多； （2）合箱口不严，螺栓松或没抹合口胶； （3）减速器回油槽堵； （4）油封失效或唇口磨损严重； （5）呼吸阀堵，使减速器内压力增大	（1）放掉多余的润滑油； （2）紧固螺栓或重新组装，打胶； （3）检查并清理回油槽脏物； （4）定时保养油封及时更换； （5）清理呼吸阀
6	单根皮带有松有紧；联组皮带有跳跃、波浪状起伏现象；打滑并伴有异常声响	（1）使用的皮带长度不一致； （2）电动机滑轨的固定螺栓松弛； （3）电动机固定螺栓松弛； （4）皮带拉长	（1）选择长度一致的皮带； （2）紧固松弛的螺栓，并顶紧对角的顶丝螺栓； （3）紧固螺栓； （4）调整皮带的拉紧度
7	电机运行中发出异响	（1）电动机两相运行； （2）定子与转子摩擦； （3）滚动轴承干磨发出异响； （4）风扇与风扇罩子间有杂物； （5）皮带轮松动	（1）检查三相电源，发现缺相立即停机报修； （2）检查并立即停机报修； （3）发现轴承损坏，应立即停机报修； （4）停机断电后清除杂物； （5）停机断电检查，如果紧固件松动，应紧固后试运行，如果是键或键槽损坏，应报修更换
8	负载异常	（1）驴头对中误差大； （2）悬点负荷过重超载； （3）严重不平衡； （4）井下抽油泵有刮卡现象或出砂严重； （5）减速器齿轮打齿	（1）校正抽油机，重新调整驴头对中度； （2）调整合适机型； （3）调抽油机平衡； （4）洗井或作业； （5）更换齿轮或减速器

第三节 长冲程智能抽油机

长冲程智能抽油机是近年来在油田现场应用的新型抽油机，是集机电一体的新型设备。其最大优点是长冲程和智能配套设备，通过新型 IT 技术控制电动机正转、反转动带动减速机旋转来实现抽油杆上、下往复运动。

一、基础知识

1. 结构

长冲程智能抽油机整体结构主要分为两个部分：机械部分和电控部分。

1）机械部分

如图 1-4 所示，抽油机机械部分主要由上平台、机架、活动基础、配重箱等部分组成。

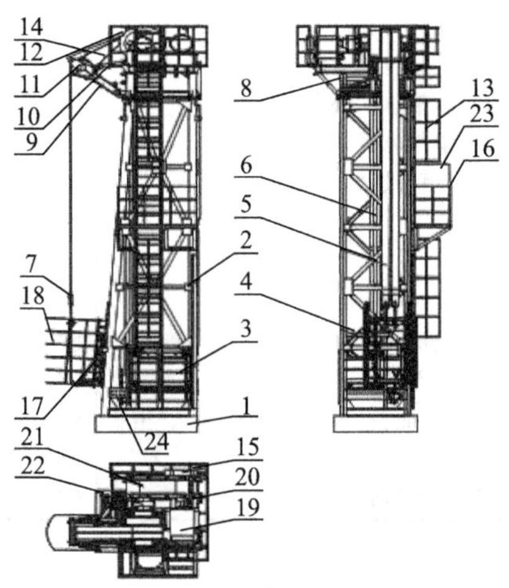

图 1-4 抽油机机械结构图

1—活动基础；2—梯子；3—配重箱；4—配重带；5—井口带；6—导轨；7—悬绳器；8—上平台；9—悬臂；10—悬臂伸缩机构；11—导向轮；12—滚筒；13—梯子；14—悬臂收回拉绳；15—制动器；16—控制柜支座；17—防风导轨；18—防护罩；19—电动机；20—轮胎联轴器；21—减速机；22—柱销联轴器；23—控制柜；24—操作面板

上平台承载着电动机、减速器、滚筒、导向轮、悬臂，电动机与减速器由轮胎联轴器连接，减速器与滚筒由柱销联轴器连接。导向轮轴与滚筒轴向平行，导向轮前沿正对井口，导向轮安装在悬臂梁前端，悬臂梁后面用销轴固定在上平台下部。悬臂梁可以绕销轴旋转，悬臂梁上部通过丝杠调整机构与上平台上部连接，井口胶带和配重胶带分别朝着不同的方向固定在滚筒上，井口胶带绕过导向轮与光杆连接，配重胶带直接与配重箱连接。

机架是一梯体桁架结构，主要支撑上平台，同时实现光杆有效的冲程。机架与活动基础采用螺栓连接。活动基础是钢筋混凝土，活动基础与地基采用螺栓连接。配重箱是分体式结构，上箱、下箱分别有可打开的门，以便于装入或取出配重铁。

2）电控部分

抽油机电控部分结构如图 1-5 所示，主要由操作面板、PLC、调速系统、电动机、制动器、温控系统、报警系统等部分组成。

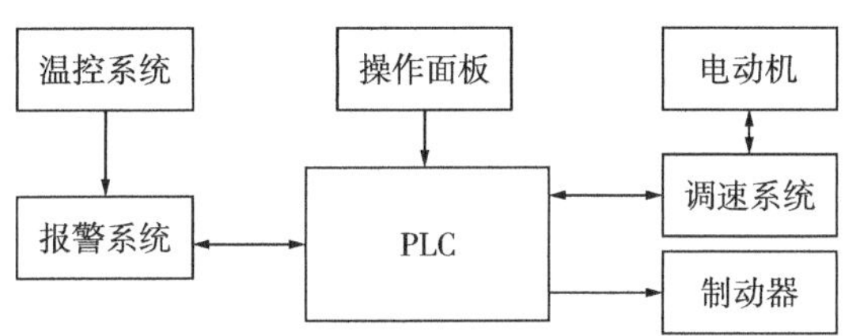

图 1-5　电控部分结构原理图

抽油机控制柜分为三部分，主体柜包括温控系统、报警系统、PLC、调速系统等，放置在机架中部。就地操作箱为防爆操作箱如图 1 6 所示，在机架下部，方便操作。上平台操作箱为防爆操作箱如图 1-7 所示，在上平台上，主要在作业前后收、放导向轮时使用。

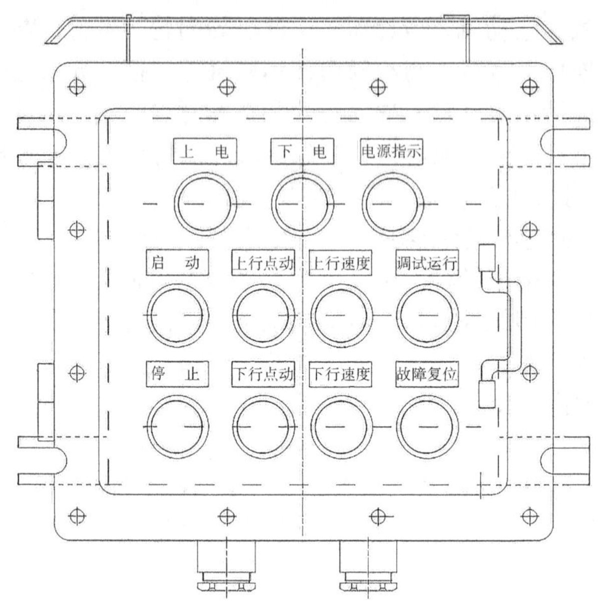

图 1-6 就地操作箱图

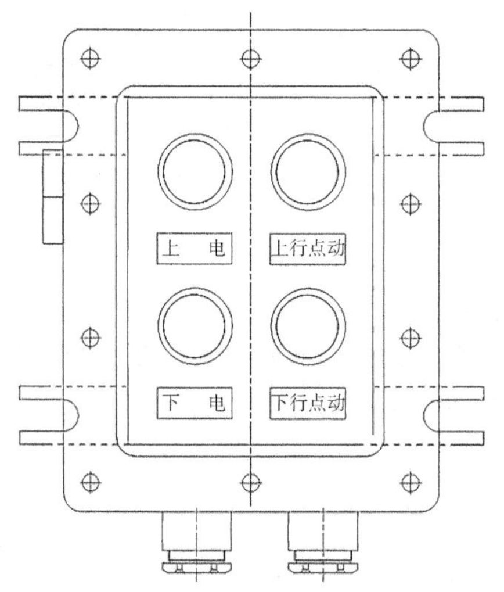

图 1-7 上平台操作箱图

2. 结构特点

长冲程智能抽油机和常规游梁式抽油机相比有以下优点：

（1）改变了常规游梁式抽油机用四连杆机构的原理，采用智能控制电动机正反转来实现光杆的直线往复运动。

（2）改变了常规游梁式抽油机的皮带轮传动，采用轮胎联轴器将电动机和减速器连接在一起。

（3）改变了常规游梁式抽油机曲柄、游梁平衡等平衡方式，采用砝码式平衡。

（4）采用机架高度变化调整最大冲程的设计。

（5）采用 IT、自动控制技术将整机进行机电一体化设计，确保抽油机冲程冲次实现智能无级调整。

（6）占地面积小，适用于人工岛采油生产。

3. 工作原理

长冲程智能抽油机由动力机供给动力，经减速器将动力机的高速转动变为链条的低速转动，并由特殊链节及主轴销—滑块机构将旋转运动变为抽油机往返架的上、下往复运动，经绕过天车轮的悬绳器总成带动深井泵工作。

4. 产品型号

智能抽油机产品型号示意如图 1-8 所示。

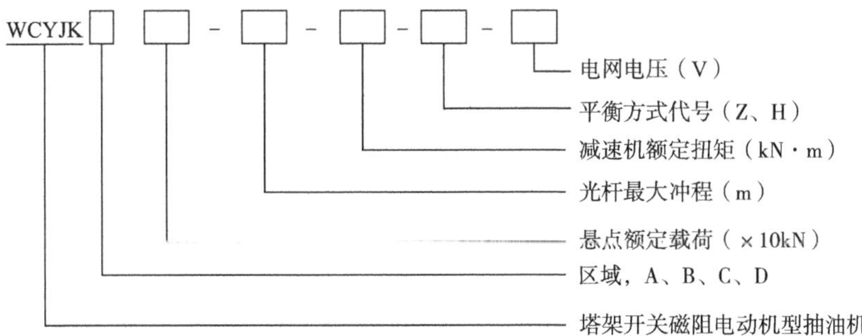

图 1-8　智能抽油机型号示意

示例：WCYJKA20—8—53Z 表示额定悬点载荷为 200kN，光杆最大冲程 8m，减速机额定扭矩为 53kN·m，砝码式平衡的塔架开关磁阻电动机型抽油机。

二、常见故障分析与处理方法

长冲程智能抽油机故障原因分析及处理方法见表 1-3。

表 1-3　长冲程智能抽油机故障原因分析及处理方法表

序号	故障现象	故障原因分析	处理方法
1	电动机转，但抽油杆、配重箱不动，底座和支架振动，电动机发出不均匀噪声	（1）轮胎联轴器的轮胎被撕裂； （2)轮胎联轴器紧固螺栓未上紧，轮胎没夹紧； （3）连接轮胎联轴器半联轴器的键被剪断； （4）减速器齿轮坏； （5）柱销联轴器的柱销碎； （6）连接滚筒轴与滚筒的键被剪断	（1）更换轮胎； （2）拆卸轮胎联轴器后，重新安装，涂抹厌氧胶，交替循环上紧所有螺栓； （3）更换连接键； （4）更换减速器或减速器齿轮； （5）更换柱销； （6）大修滚筒轴、滚筒
2	配重带或井口带断裂	（1）偏磨造成偏心受力； （2）疲劳断裂	（1）调整配重带或井口带缠绕状态； （2）更换配重带或井口带
3	配重带或井口带偏磨	井口对中不好	重新校正抽油机
4	刹车失灵	刹车瓦间隙过大	重新调整刹车瓦间隙
5	异常噪声	（1）轴承坏； （2）减速器齿坏； （3）焊缝脱焊	仔细检查各机械部位，并作相应整改
6	上电后 PLC 不工作且所有输入、输出灯不亮	（1）PLC 的 24V 电源所带负载有问题； （2）PLC 本身故障	（1）更换 PLC； （2）更换 PLC
7	工作时不正常停机	（1）电动机超载； （2）变频器故障； （3）PLC 故障； （4）接近开关故障； （5）行程开关故障	（1）更换配套电动机； （2）更换变频器； （3）更换 PLC； （4）更换接近开关； （5）更换行程开关

案例分析

【案例 1】游梁式抽油机中轴有干磨异响

1. 问题描述

某采油站员工按工作安排对本站管辖油水井巡检，至某一生产平台时听到有间断性的干磨声，初步判断是抽油机运转部位缺少润滑脂所致，排查平台上四台抽油机，发现声音来自其中一台抽油机中轴位置，随即向站长汇报。

2. 原因分析

游梁式抽油机中轴发出干磨异常响声的主要原因是中轴内的润滑脂长时间未进行加注替换而干化，轴承的受力滚珠与轴承架之间无润滑脂，轴承在缺少润滑脂的情况下产生干磨现象发出干磨声音。

3. 处理措施

维修班人员接到检修指令后到达该平台，将抽油机停机，对其中轴处加注中量新润滑脂，直到有新润滑脂在中轴缝隙处排出后恢复生产，干磨声消除。

4. 预防措施

按照抽油机一保的规定时间对游梁式抽油机进行保养，确保各部位润滑脂量充足。

【案例 2】游梁式抽油机减速器异响

1. 问题描述

某采油站员工按规定巡检，至某一平台时听到沉闷的异常声音，经排查，声音自本井场内一游梁式抽油机减速器内传出，停机后向站长汇报。

2. 原因分析

减速器内传出异响可能是减速器超载运行造成齿轮啮合处受力过大，再加上抽油机未及时调整平衡，在缺少润滑油等多种因素下出现齿轮磨损和点状腐蚀造成的。

3. 处理措施

维修人员到达现场后打开减速器上盖，发现该抽油机减速器的中间轴齿轮齿出现破损残缺，无法继续工作，向上级汇报后组织更换新减速器。

4. 预防措施

每日监测游梁式抽油机运行电流，计算其运行时的平衡率，发现平衡率超出合理范围要及时调整平衡，确保减速器齿轮工作时不受交变的冲击力。按抽油机一保规定添加润滑油，避免减速器内齿轮因缺少润滑油发生点状腐蚀。

【案例 3】游梁式抽油机底座压杠螺栓断

1. 问题描述

某采油站员工巡检至某一井场时，发现游梁式抽油机底座固定压杠螺栓有一条发生断裂，固定压杠随抽油机驴头往复运动发生晃动。

2. 原因分析

抽油机压杠螺栓发生断裂是因为底座与基础之间有悬空点，抽油机在运行时有过大的负荷冲击力引发悬空点出现交变应力，长时间的交变应力作用造成压杠螺栓发生断裂。

3. 处理措施

巡检人员回站上取回新固定压杠螺栓和斜铁，停机后将断裂的固定压杠螺栓换下，悬空点放入斜铁后上紧固定压杠螺栓。

4. 预防措施

定期对抽油机底座加密巡检排查，发现抽油机底座与基础之间出现悬空及时放入斜铁消除交变应力。

【案例 4】游梁式抽油机曲柄销退扣

1. 问题描述

某采油站员工巡检至某一井场时，发现游梁式抽油机发出间歇的轧轧声，围绕抽油机检查时发现在减速器一侧有黑色铁屑，曲柄销的冕型螺帽画的防松动线发生错位，随即停机并向站长汇报。

2. 原因分析

曲柄销出现轧轧的异响是由于曲柄销内轴承缺少锂基脂，轴承内的滚珠与支架之间产生锈蚀，在运转时锈蚀点产生阻力后曲柄销与销套之间发生转动摩擦引起冕型螺帽退扣。

3. 处理措施

维修人员对其检查后发现曲柄销与销套之间磨损较大，已经无法继续使用，重新更换新冲程孔安装新曲柄销和销套后恢复生产。

4. 预防措施

及时给游梁式抽油机曲柄销加注锂基脂，在冕型螺帽处画防动线，巡检时对曲柄销处多加注意，发现防松动线位置改变时及时检查曲柄销。

【案例5】游梁式抽油机减速器机油变质

1. 问题描述

某采油站员工对游梁式抽油机进行一保时，发现某一抽油机减速器内机油已经乳化变质，减速器壳体温度超高。

2. 原因分析

雨水进入减速器内部后，减速器齿轮转动时会将雨水与机油搅拌在一起使机油乳化。乳化后机油失去润滑作用，齿轮啮合点摩擦造成壳体温度上升。

3. 处理措施

保养人员打开减速器卸油孔丝堵，放净箱体内乳化机油，用柴油对箱体内部导油槽和齿轮进行彻底清洗，检查齿轮正常后上紧卸油孔丝堵并重新加注新机油，安装上盖前检查密封胶皮时发现密封胶皮出现老化缺损，重新制作密封胶皮后安装上盖。

4. 预防措施

每次进行一保时认真检查上盖密封胶皮，出现老化缺损要及时更换，安装上盖时要确保上盖压紧压实。

【案例6】游梁式抽油机减速器卸油丝堵处漏油

1. 问题描述

某采油站员工巡检至某一井场时，发现游梁式抽油机减速器卸油丝堵处有机油渗出，其下方底座和基础上已有渗漏出的机油污染物。

2. 原因分析

抽油机减速器卸油丝堵漏油原因是丝堵未上紧，箱体内温度上升后机油流动性增加黏度下降，机油从丝堵处缧纹渗出。

3. 处理措施

巡检人员将卸油丝堵卸松，在松开的缝隙处缠绕生料带后上紧卸油丝堵，清理基础上的机油污染点。

4. 预防措施

更换减速器内机油后要将卸油丝堵重新缠绕上生料带，并确认卸油丝堵安装紧固。

【案例7】游梁式抽油机停机刹车后出现溜车现象

1. 问题描述

员工对游梁式抽油机井进行更换光杆密封器填料操作，按要求停机断电刹紧刹车后发现曲柄出现溜车现象，再次将刹车拉紧仍有溜车现象出现，随即停止更换密封填料操作并向站长汇报。

2. 原因分析

停机拉紧刹车仍出现曲柄摆动原因有两种，一个是刹车行程过大，刹车蹄片与刹车轮之间未实现有效贴合，在不平衡的应力作用下刹车蹄片与刹车轮外表面发生位移；另一个是刹车片磨损严重，失去有效制动功能。

3. 处理措施

员工松开刹车把后检查刹车片，发现为轻度磨损，反复试刹车后发现刹车行程过大。将刹车完全松开，抽油机曲柄自然停止后转动拉杆上的调节螺母将刹车行程调整至全行程的1/3 ～ 1/2，启停抽油机试刹车达到有效制动效果。

4. 预防措施

定期检查刹车片，出现严重磨损及时更换新刹车片；更换新刹车片后及时调整刹车行程，反复启停抽油机检验刹车制动效果灵敏有效。

【案例8】游梁式抽油机尾轴承座出现窜动

1. 问题描述

员工巡检某井时听到抽油机有异常响声，判断声音是抽油机尾轴处发出。将抽油机停在上死点后对尾轴处进行检查，发现尾轴顶丝与尾轴座之间出现空隙，顶丝与尾轴座接触点位置有摩擦后的光亮点。

2. 原因分析

出现这种情况的原因是尾轴固定螺栓有轻微松动，尾轴座与止板之间发生位移。由于顶丝未有效顶紧尾轴座，造成尾轴座与顶丝反复碰撞摩擦出现光亮点。

3. 处理措施

卸下驴头负荷，报吊车将游梁吊至地面，将尾轴座固定螺栓砸紧，上紧前后顶丝后将游梁复位，驴头承载后恢复生产。

4. 预防措施

安装尾轴时将止板和尾轴座接触面清理干净，确认尾轴座固定螺栓有效砸紧；每次进行抽油机一保时认真检查尾轴处固定螺栓和顶丝，观察防动线有无错位，出现错位要及时砸紧尾轴固定螺栓。

【案例 9】游梁式抽油机皮带松弛掉落

1. 问题描述

员工巡检某抽油机井时发现安装的两组联组皮带有一组掉落到地面，未掉落的皮带有打滑现象，停机后检查未掉落的皮带松紧度符合安装要求，掉落的联组皮带未发现烧断痕迹，属于松弛脱落。

2. 原因分析

联组皮带发生掉落问题原因可能是同型号皮带长度误差大，安装时略长的一组皮带未上紧，运转后发生甩动造成掉落。

3. 处理措施

员工将电动机前移，安装好掉落的皮带后移电动机调节皮带松紧度，未掉落的皮带达到松紧适当时掉落的皮带仍是松弛状态，又重新更换两条新联组皮带，调节松紧度时确认两条皮带松紧度达到了一致。

4. 预防措施

更换新皮带时要认真确认各联组皮带松紧度是否一致，不一致的要重新更换新联组带；调校“四点一线”和松紧度适合后再紧电动机固定螺栓，避免电动机窜动。

【案例 10】游梁式抽油机游梁前移造成密封器内填料偏磨

1. 问题描述

员工巡检某抽油机井时发现井口密封器漏油量增多，并且光杆与密封器压盖内孔发生摩擦，光杆表面出现严重划痕。

2. 原因分析

出现光杆与密封器压盖内孔发生摩擦的主要原因有两个，一个是抽油机底座发生位移，造成光杆对中偏差大；另一个是抽油机中轴发生位移，造成光杆对中偏差大。

3. 处理措施

员工先后对抽油机底座和中轴进行检查，检查底座时未发现压杠螺栓松动，无底座位移现象；在检查中轴时发现中轴的固定螺栓松动，并且前端顶丝与中轴座出现空隙，中轴座与游梁接触面有错位痕迹，判断为游梁前移造成光杆对中偏差大。卸掉悬点载荷后通过中轴顶丝将游梁复位，砸紧中轴固定螺栓，上紧前后顶丝，重新更换光杆后恢复生产。

4. 预防措施

进行抽油机一保时着重检查各部位螺栓紧固，防动线未出现借位；检查底座压杠螺栓和地脚螺栓紧固，底座与基础接触面出现悬空时及时用斜铁填充；通过上下行电流计算抽油机平衡，超出范围及时调整，避免平衡偏差大引起的震动。

【案例 11】游梁式抽油机减速箱中间轴掉齿

1. 问题描述

员工巡检某抽油机井时发现减速箱内发出间歇性异常响声，停机后打开减速箱盖检查减速器齿轮，发现中间轴齿轮有部分轮齿掉落。

2. 原因分析

抽油机减速器内齿轮出现掉落，一方面是抽油机严重不平衡，减速器在运转过程中齿轮承受差别较大的交变力载荷冲击；另一方面是抽油机冲次高，交变力载荷加大。

3. 处理措施

抽油机停机，采取适当措施暂时关井停产，更换新减速器后抽油机井复产。

4. 预防措施

通过上下行电流计算抽油机平衡，超出平衡范围及时调整，并根据油井工况适当降低冲次，避免平衡偏差大引起的震动。

【案例 12】游梁式抽油机绳辫子与驴头侧板发生刮擦造成绳辫子断股

1. 问题描述

员工巡检至某游梁式抽油机时听到剧烈的摩擦声，经检查发现抽油机绳辫子与驴头侧板发生刮擦现象，并且绳辫子出现断股现象，立即停机后向站长汇报。

2. 原因分析

游梁式抽油机绳辫子与驴头侧板发生刮擦原因有两个，一个是抽油机发生侧向滑动，造成驴头中心与偏离井口中心线；另一个是抽油机基础因地面夯土松动发生单侧侧下沉，抽油机重心发生偏移。

3. 处理措施

维修班员工到达现场后首先对发生断股的绳辫子进行更换，再对抽油机底座进行水平检测未发现水平度超标，吊线锤检测抽油机重心线未发生偏移。检查对中度时发现抽油机驴头中心偏离井口中心线 12cm，重新调校对中度后恢复生产，刮擦问题消除。

4. 预防措施

抽油机一保时按照保养要求检查底座水平度、重心线垂直度和井口对中度，发现超过规定范围值及时进行调校，确保抽油机平稳运行。

【案例 13】游梁式抽油机减速器支架处底座工字钢裂开

1. 问题描述

员工巡检至某游梁式抽油机时发现减速器支架下方底座工字钢有裂痕，裂口长度达 8cm，裂口随抽油机上下往复运动发生张开合闭，立即停机后向站长汇报。

2. 原因分析

裂开处下部活动基础块存在凸起点，在凸起点前后底座与基础块之间有悬空，产生向下拉动力，拉动力随抽油机上下往复运动发生变化，长时间作用下凸起点上方底座工字钢强度受到破坏发生断裂。

3. 处理措施

维修班员工到达现场后卸去抽油机载荷，卸松底座前后端固定压杠，紧固距离裂缝最近的压杠螺栓，在底座前后端加斜铁，裂缝闭合后将裂缝焊接，在焊接处补焊加强板，上紧前后端压杠螺栓，检查底座前后水平度合格后抽油机承载恢复生产。

4. 预防措施

抽油机一保时按照保养要求检查底座前后水平度，保持底座前后水平度差在合理范围内。

【案例 14】链条式抽油机滚轮与轻轨间隙不合适，造成运转声音不正常

1. 问题描述

员工巡检本站链条式抽油机井时听到该机运转声音比往常声音大，并伴有不规律的敲击声，随即向领导汇报并停机。

2. 原因分析

运转声音突然增大一方面是平衡效果不好，在抽油机光杆上、下往复运动时受井下载荷影响产生较大声音；另一方面是传动机构某个部分出现问题导致声音变大。

3. 处理措施

对该机进行测电流，排除气压平衡效果不好因素后，对传动机构进行检查时发现滚轮与轻轨的间隙变大，在抽油机运转时滚轮与轻轨之间发生不规则的碰撞，对滚轮弹簧进行张紧度调节后抽油机正常运转。

4. 预防措施

定期对链条式抽油机的机械传动部分进行调校，确保传动机构中各部件处于良好状态。

【案例 15】长冲程智能抽油机电动机运转并发出较大噪声，抽油杆未上下往复运动

1. 问题描述

员工巡检本站长冲程智能抽油机井时，电动机运转并发出较大噪声，抽油杆与配重箱处于静止状态。

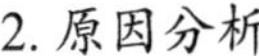

2. 原因分析

电动机正常运转，抽油杆与配重箱未运动，其主要原因是传动机构出现故障，无法传递动力，同时电动机运行负荷增大后发出噪声。

3. 处理措施

对该机动力传动部分进行检查，发现该机轮胎联轴器的半联轴器的键被剪断，联轴器与半联轴器之间出现空转。

4. 预防措施

保养长冲程智能抽油机时仔细检查动力传动部分各部件之间的连接键，出现变形及时更换。

【案例 16】长冲程智能抽油机上电后 PLC 有上电反应，各功能按钮失灵，无法控制抽油机运转

1. 问题描述

员工对长冲程智能抽油机进行保养后启机生产，对 PLC 箱上电后无法启动抽油机，并且 PLC 上所有输入和输出指示灯不亮，反复进行上电，故障未能排除。

2. 原因分析

出现此情况的原因一方面是 PLC 箱 24V 电源所带负载出现了故障，按功能按钮时无相应反应；另一方面是 PLC 箱本身出现了故障，上电后功能失效。

3. 处理措施

对该机的 PLC 箱进行检测，发现 PLC 箱出现故障，上电后控制及指示部分无反应，更换新 PLC 箱后恢复正常。

4. 预防措施

保持 PLC 箱内干燥，确保 PLC 箱不受到潮湿影响；加强 PLC 箱内通风，操持箱内温度在合适范围内。

练习题及答案

第一节

1. 单选题（每题有4个选项，只有1个是正确的，将正确的选项填入括号内）

（1）游梁式抽油机主要是由（　）大部分组成的。

A. 二　　B. 三　　C. 四　　D. 五

（2）日常检查抽油机刹车锁块是否在行程的（　），各连接部位完好，灵活好用。

A.1/3 ～ 2/3　　B.1/4 ～ 3/4　　C.1/2 ～ 2/3　　D.1/4 ～ 1/2

（3）用手锤检查螺栓紧固时必须敲击螺栓下面，不得敲击（　），不得逆时针敲击。

A. 螺纹　　B. 棱角　　C. 栓体　　D. 螺母

（4）游梁式抽油机的工作过程是由动力机（通常为电动机或柴油机、天然气发动机）经传动皮带将高速旋转运动传递给减速器，（　）减速后，由曲柄连杆机构将旋转运动变为游梁的上、下摆动。

A. 一轴两级　　B. 两轴三级　　C. 两轴两级　　D. 三轴两级

（5）游梁式抽油机 CYJ-10-3-57HB 型号中 B 意义是（　）。

A. 曲柄平衡　　B. 游梁平衡　　C. 气动平衡　　D. 复合平衡

2. 判断题（对的画“✓”，错的画“×”）

（　）（1）游梁式抽油机结构特点之一是整机结构合理、工作平稳、工作效率高、操作维护方便。

（　）（2）减速器采用人字形渐开线或双圆弧形齿轮，加工精度高、承载能力强，使用寿命长。

（　）（3）游梁式抽油机驴头采用上翻、拆卸或侧转三种形式之一。

（　）（4）游梁式抽油机底座采用压杠连接。

（　）（5）一级保养的重要内容就是“十字作业”，即紧固、润滑、防腐、调整、清洁。

参考答案

1. 选择题

（1）C　（2）C　（3）B　（4）D　（5）A

2. 判断题

（1）×　（2）√　（3）×　（4）×　（5）√

第二节

1. 单选题（每题有 4 个选项，只有 1 个是正确的，将正确的选项填入括号内）

（1）链条式抽油机主要由（　）、换向系统、平衡系统、悬重系统及机架底座组成。

A. 链条传递系统　　B. 动力传动系统

C. 气压调节系统　　D. 动力导向系统

（2）链条式抽油机具有结构紧凑、（　）、冲程长等显著优点，特别适用于在大型机及海洋采油平台或丛式井采油上应用。

A. 平衡调节方便　　B. 占地面积小

C. 维修保养方便　　D. 承重载荷高

（3）链条式抽油机工作原理是由动力机供给动力，经减速器将动力机的高速转动变为链条的低速转运，并由特殊链节及（　）机构将旋转运动变为抽油机往返架的上、下往复运动，经绕过天车轮的悬绳总成带动深井泵工作。

A. 主轴销　　B. 滑块　　C. 换向　　D. 主轴销—滑块

（4）链条式抽油机因为（　）、管理难度大、可靠性低等缺点影响了其现场应用与发展。

A. 运动件多　　B. 运动件少　　C. 结构复杂　　D. 维修难度大

（5）链条式抽油机采用的是（　），调平衡操作方便，只需要根据负荷调整气压即可，平衡度可达 95% 左右。

A. 曲柄平衡　　B. 游梁平衡　　C. 气动平衡　　D. 复合平衡

2. 判断题（对的画“√”，错的画“×”）

（　）（1）链条式抽油机适用于在大型机及海洋采油平台或丛式平台上应用。

（　）（2）链条式抽油机具有结构紧凑、平衡调节方便、冲程长等优点。

（　）（3）链条式抽油机因运动件少、管理难度大、可靠性低等缺点影响了其现场应用与发展。

（　）（4）链条式抽油机为提高可靠性，采用特制胶带代替悬重钢丝绳、增加主链条改善受力状况及改变平衡方式等方面做了一些改进。

（　）（5）链条式抽油机采用的是法码式平衡。

参考答案

1. 选择题

（1）B　（2）A　（3）D　（4）A　（5）C

2. 判断题

（1）√　（2）√　（3）×　（4）√　（5）×

第三节

1. 单选题（每题有4个选项，只有1个是正确的，将正确的选项填入括号内）

（1）长冲程智能抽油机整体结构主要分为两个部分：（　）。

A. 电控部分和动力部分　　B. 机械部分和电控部分

C. 动力部分和机械部分　　D. 动力部分和导向部分

（2）长冲程智能抽油机机械部分主要由上平台、机架、（　）、配重箱等部分组成。

A. 减速装置　B. 传动装置　C. 活动基础　D. 导向机构

（3）长冲程智能抽油机机架与活动基础采用（　）连接。

A. 螺栓　B. 地脚螺栓　C. 压杠　D. 螺栓与压杠

（4）长冲程智能抽油机配重箱是（　）结构，上箱、下箱分别有可打开的门，以便于装入或取出配重铁。

A. 整体式　B. 分体式　C. 组合式　D. 层级式

（5）长冲程智能抽油机电控部分主要由操作面板、（　）、调速系统、电机、制动器、温控系统、报警系统等部分组成。

A. 变频系统　B. 智能控制系统　C.RTU　D.PLC

2. 判断题（对的画“√”，错的画“×”）

（　）（1）长冲程智能抽油机改变了常规游梁式抽油机用四边杆机构的原理，采用智能控制电动机正反转来实现光杆的直线往复运动。

（　）（2）长冲程智能抽油机改变了常规游梁式抽油机的皮带轮传动，采用联轴器将电动机和减速器连接在一起。

（ ）（3）长冲程智能抽油机采用的是气动式平衡。

（ ）（4）长冲程智能抽油机采用 IT、自动控制技术将整机进行机电一体化设计，确保抽油机生产参数实现智能无级调整。

（ ）（5）长冲程智能抽油机特殊的设计占地面积更小，适用于各种情况的采油生产。

参考答案

1. 选择题

（1）B （2）B （3）A （4）B （5）D

2. 判断题

（1）√ （2）× （3）× （4）× （5）×

第二章
常用机泵类设备故障判断与处理

机泵在油田生产过程中发挥着重要的作用，主要是用来输送水、油、酸碱液、乳化液等。在工业生产一线一般将机械动力设备作为动力源来输送流体的装置统称为机泵。根据工作原理分为容积式泵、叶片式泵及其他类型机泵，不同类型的机泵用途也不相同。油田生产常用的机泵是容积式泵和叶片式泵，容积式泵有柱塞泵、齿轮泵、螺杆泵等，叶片式泵主要是离心泵。

第一节　螺杆泵

螺杆泵在油田生产上用途较广，常用来输送油井产出介质。螺杆泵的特点是结构简单、流量平稳，便于安装、操作和维修保养，运行成本较低。特别适合含有气体的介质、高黏度介质、含有悬浮物的介质、含有纤维的介质输送。

一、基础知识

1. 结构

螺杆泵按转子数分为单螺杆泵、双螺杆泵和三螺杆泵等。

1）单螺杆泵

单螺杆泵是一种内啮合偏心回转容积式泵，又称为偏心转子泵，其内部只有一个转子，工作时通过定子和转子的啮合产生容积变化输送液体，利用输送介质对定子起到润滑降温作用。

单螺杆泵主要由电动机、联轴器、减速器、万向节、泵体及机座组成，如图 2-1 所示。

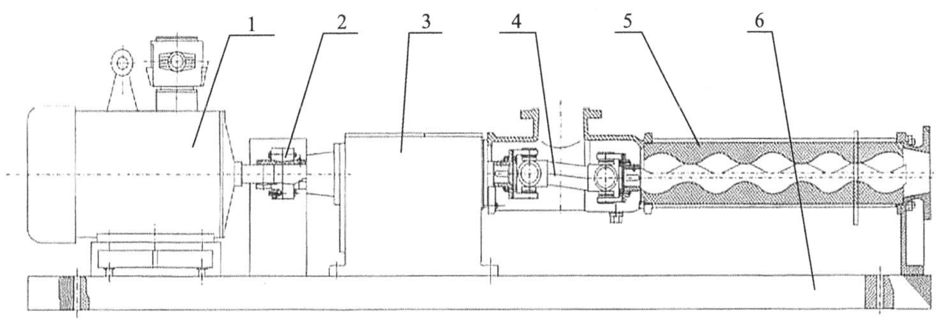

图 2-1　单螺杆泵结构图

1—电动机；2—联轴器；3—减速器；4—万向节；5—泵体；6—机座

单螺杆泵泵体主要的元件是定子（衬套）和转子（螺杆），组成了衬套螺杆副。由于单螺杆在衬套中进行复杂的行星运动，因此螺杆与中间传动轴之间有一个万向节总成，其尺寸根据传动功率及转速确定。

2）双螺杆泵

双螺杆泵采用双吸式结构，螺杆两端处于同一压力腔中，轴向力可以自行平衡如图 2-2、图 2-3 所示。两端轴承采用外装式，单独采用润滑油（脂）润滑，因而不受输送介质的影响，两螺杆间用一对同步齿轮驱动，螺杆齿面间并不接触，而留有一微小间隙，介质中的杂质并不能对螺杆齿面直接产生磨损（除冲刷外）。一般在泵体上都带有内流式安全阀，当排放压力超过额定值时有一定保护作用。泵体上有两种进出口方向：一为垂直向下进，水平出；二为水平进，垂直向上出。

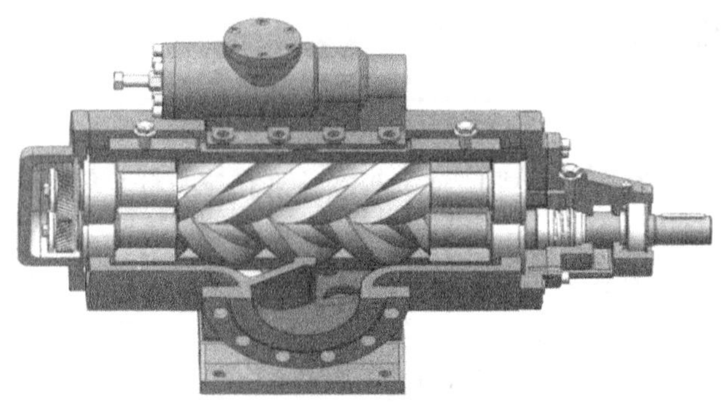

图 2-2 双螺杆泵结构图

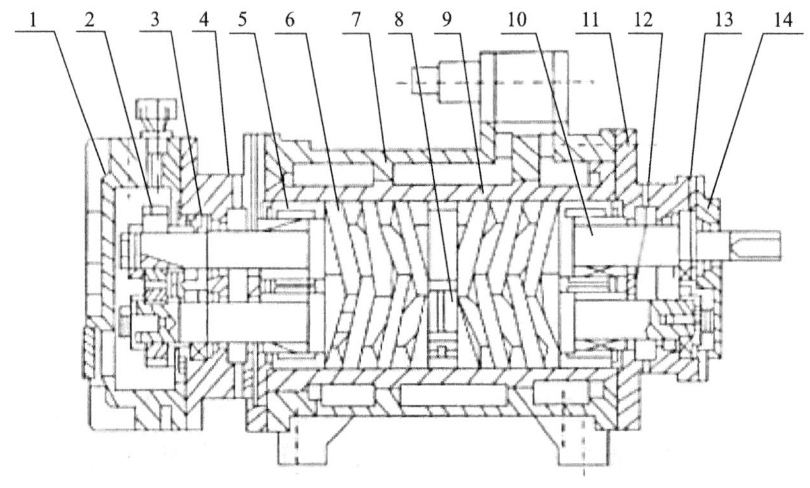

图 2-3 双螺杆泵内部结构图

1—齿轮箱盖；2—齿轮；3—滚动轴承；4—后支架；5—密封；6—螺套；7—泵体；8—调节螺栓；9—衬套；10—主动轴；11—前支架；12—从动轴；13—滚动轴承；14—压盖

3）三螺杆泵

三螺杆泵主要由泵体、衬套、主动螺杆（简称主杆）、从动螺杆（简称从杆）、机封压盖、平衡套、轴承、填料箱及机械密封等组成，如图 2-4 所示。

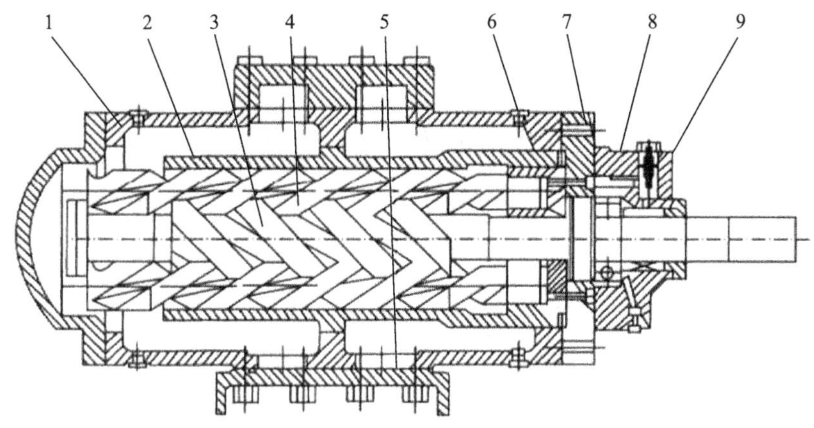

图 2-4　三螺杆泵内部结构示意图

1—泵体；2—衬套；3—主杆；4—从杆；5—平衡套；6—轴承；7—填料箱；8—机械密封；9—机封压盖

三螺杆泵的内部结构主要是由一根主杆、两根从杆和包容这三根螺杆的衬套组成。主杆为凸型双头螺纹，从杆为凹型双头螺纹，二者的螺旋方向相反。

2. 工作原理

单螺杆泵依靠螺杆与衬套相互啮合，在吸入腔和排出腔产生容积变化来输送液体。当转子通过万向节驱动绕定子中心做行星回转时，定子—转子副就连续地啮合形成密封腔。这些密封腔不断地做匀速轴向运动，把输送介质从吸入端经定子—转子副输送至压出端。

双螺杆泵是通过泵体中的主杆、从杆相互啮合以及螺杆和泵体孔的配合，在泵体中形成一个个密封空腔，在螺杆转动时，这些密封空腔连续向前移动，推动密封腔中的液体到出口排出，从而实现输送液体的目的。

三螺杆泵工作时，主动螺杆与从动螺杆的相互啮合以及螺杆与衬筒内壁的紧密配合，在泵的吸入口和排出口之间，就会被分隔成一个或多个密封空间。随着螺杆的转动和啮合，这些密封空间在泵的吸入端不断形成，将吸入室中的液体封入其中，并自吸入室沿螺杆轴向连续地推移至排出端，将封闭在各空间中的液体不断排出。

3. 产品型号

1）单螺杆泵

（1）DLB100.4 的型号意义如图 2-5 所示。

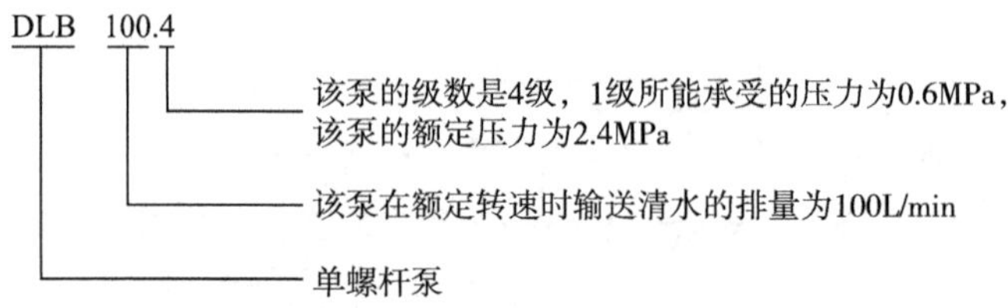

图 2-5 DLB100.4 型号意义

（2）CQ19-2.4J 的型号意义如图 2-6 所示。

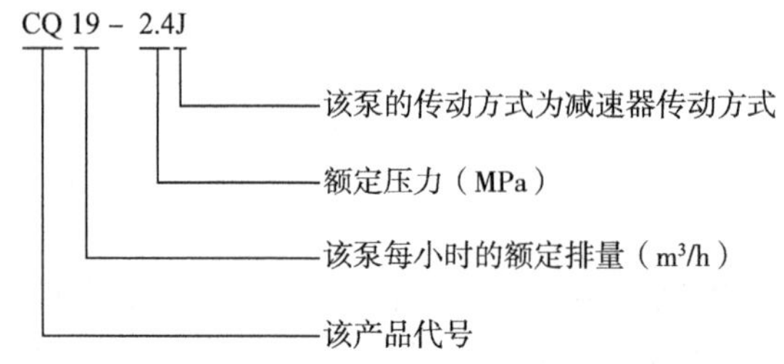

图 2-6 CQ19-2.4J 型号意义

（3）GF105-1 □ B 的型号意义如图 2-7 所示。

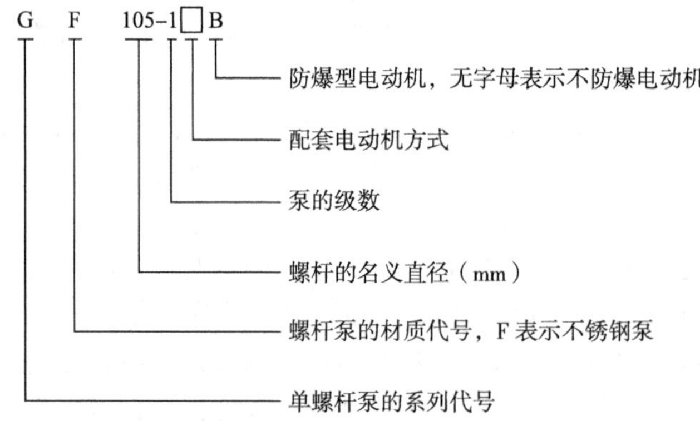

图 2-7 GF105-1 □ B 型号意义

2）双螺杆泵

（1）2LYQB115-1.6 的型号意义如图 2-8 所示。

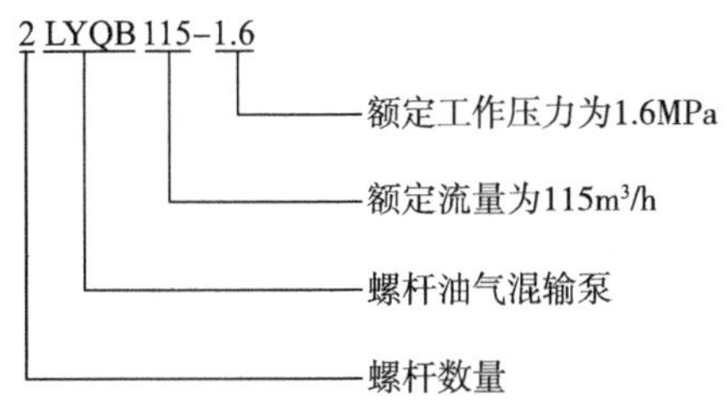

图 2-8　2LYQB115-1.6 型号意义

（2）2W.WH6.1-64B Ⅱ 的型号意义如图 2-9 所示。

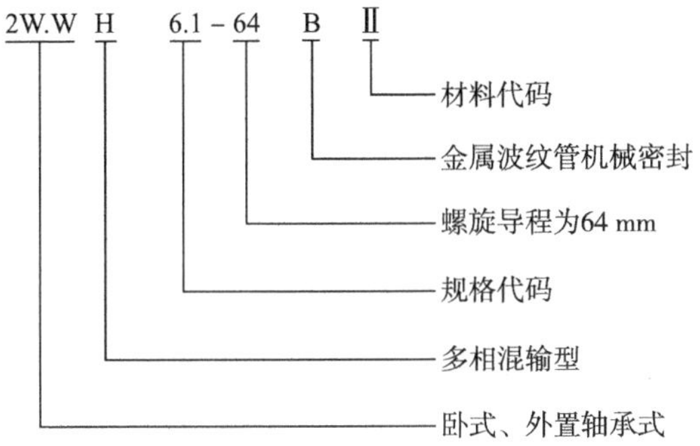

图 2-9　2W.WH6.1-64B Ⅱ 型号意义

3）三螺杆泵

（1）3GR25 × 4-1.6/2.5 的型号意义如图 2-10 所示。

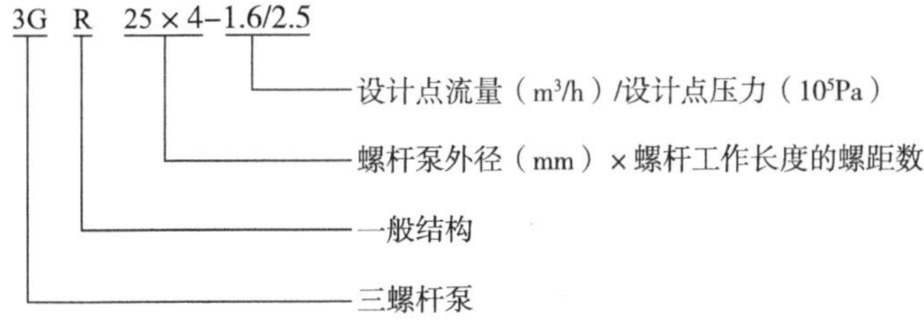

图 2-10　3GR25 × 4-1.6/2.5 型号意义

（2）3GSFBW45×2-46WZ 的型号意义如图 2-11 所示。

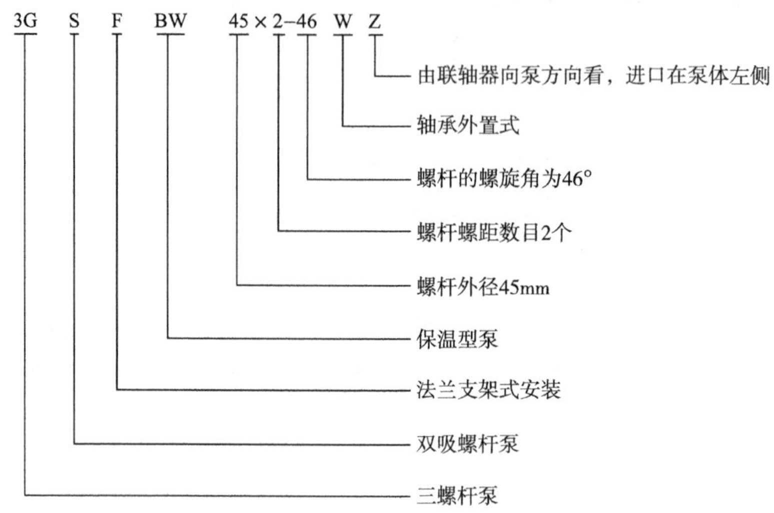

图 2-11 3GSFBW45×2-46WZ 型号意义

4. 日常维护及注意事项

1）日常维护

（1）检查减速器内润滑油质，出现乳化变质必须进行更换。

（2）检查调整机泵同轴（心）度、更换弹性垫块或减震圈。

（3）检查电动机、泵的轴承并加注锂基润滑脂。

（4）检查调整密封圈松紧度，根据需要更换密封圈或机械密封。

2）注意事项

（1）长期停用的螺杆泵应排净泵内的存留介质，防止介质凝结堵塞管道，避免再次启动时电动机过载运行。

（2）螺杆泵投入运行前应将电动机与泵体分离，检查电动机转向与泵运转指示方向是否一致，严禁逆转。

（3）泵启动前，进出口阀门必须全部打开，具备旁通流程时也要打开旁通阀门。

（4）具备旁通流程时，启动运行后缓慢关闭旁通阀门，同时要观察进出口压力，避免出现憋压。

（5）在运行中如发生异常情况，应立即停泵检查原因，排除故障。

二、常见故障分析与处理方法

螺杆泵故障原因分析及处理方法见表 2-1。

表 2-1　螺杆泵故障原因分析及处理方法表

序号	故障现象	故障原因分析	处理方法
1	泵不能启动或电动机负荷大	（1）转子、定子配合过紧； （2）液体黏度过大； （3）定子安装不合格； （4）电源电压过低	（1）用专用工具盘泵，减轻负荷； （2）通过加热、加药等方法降低液体黏度； （3）重新检查调整安装定子； （4）选择合适的工作电压
2	泵不排液	（1）万向节断； （2）电动机反转； （3）进口阀未打开； （4）输送介质凝固	（1）更换万向节； （2）调整电动机转向； （3）开启阀门； （4）加热输送介质
3	瞬时排量低	（1）吸入口管道有泄漏； （2）管道有阻塞； （3）转速太低； （4）定子—转子副磨损； （5）介质黏度过高； （6）旁通阀门未关闭	（1）停泵，进行管道泄漏的应急处置； （2）停泵检查，疏通管道； （3）调整变频器增加转速； （4）更换定子； （5）加热输送介质，降低黏度； （6）关闭旁通阀门
4	排量及压力急剧下降	（1）管道突然泄漏； （2）输送介质中混有大量气体； （3）定子某一部分损坏	（1）切换流程，查找处置泄漏点； （2）微开旁通阀门利用回流介质排净泵内气体； （3）更换定子
5	运转时异常振动有噪声	（1）介质黏度突变； （2）输送介质中混有大量气体； （3）定子某一部分损坏； （4）进口管线有堵塞	（1）降低转速后调整介质黏度； （2）微开旁通阀门利用回流介质排净泵内气体； （3）更换定子； （4）处理进口管线，保持畅通
6	轴密封处漏失量大	（1）机械密封磨损大； （2）密封圈损坏	（1）更换机械密封； （2）更换密封圈
7	定子运行周期短，损坏频率大	（1）出口压力过大； （2）输送介质中混有异物； （3）输送介质对定子有化学腐蚀作用； （4）输送介质温度过高； （5）泵充不满运转	（1）保证输送排量的前提下微开旁通阀门调整出口压力； （2）清理异物； （3）根据输送介质选配适合定子； （4）降低输送介质温度； （5）微开旁通阀门操持进口输送介质量充足

第二节 柱塞泵

柱塞泵结构简单、效率高、维修简单，可在高压力下工作。理论上柱塞泵可实现无限制扬程并且流量持续恒定。柱塞泵可用于输送腐蚀性、磨砺性、高黏度、高密度及高温介质，在注水和输油方面有很强的应用性。

一、基础知识

柱塞泵属于容积式泵，它依靠活塞或柱塞在泵缸内做往复运动来改变工作腔的容积，从而达到吸入和排出液体的目的。

1. 结构

柱塞泵由电气部分、动力端、液力端和传动部分组成，如图 2-12、图 2-13 所示。电气部分由电动机和电控箱组成；动力端由动力箱、曲轴、连杆、轴承和十字头体等组成；液力端由进排液阀、柱塞、密封填料和安全阀等组成；传动部分由大小皮带轮、皮带和护罩组成。

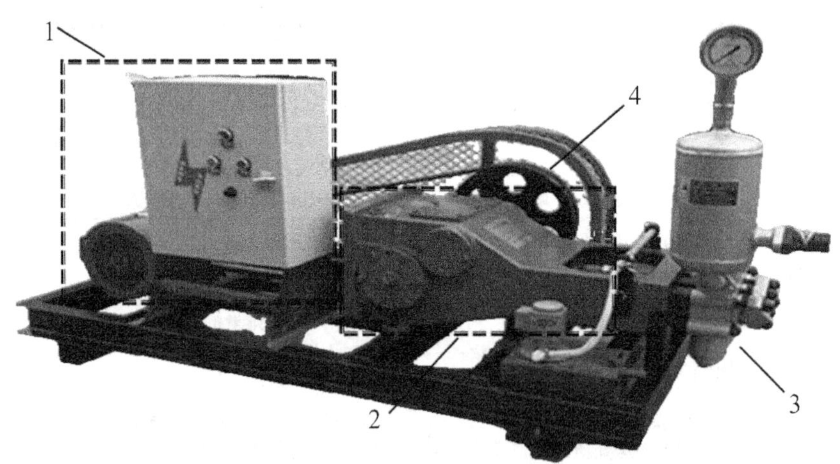

图 2-12 柱塞泵外部结构图

1—电气部分；2—动力端；3—液力端；4—传动部分

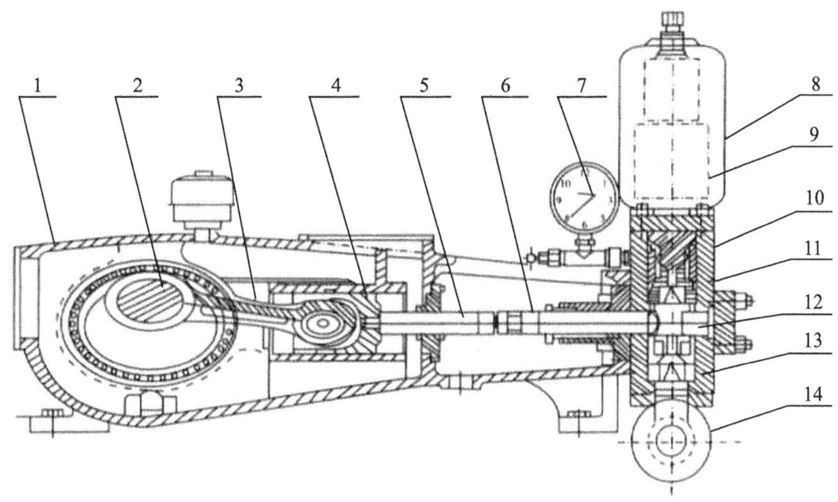

图 2-13　柱塞泵内部结构图

1—机身（传动箱）；2—曲轴；3—连杆；4—十字头；5—连接杆；6—柱塞；7—耐震压力表；8—蓄能器；9—安全阀；10—液缸体（泵头）；11—排出阀总成；12—密封函总成：13—吸入阀总成；14—吸入管总成

2. 工作原理

由于皮带轮外径差的作用，在电动机的带动下，小皮带轮高速转运带动曲轴大皮带轮，曲轴连杆机构带动柱塞在缸套中做往复运动，当柱塞向外运动时，工作腔内压力降低，出口阀关闭，低于进口压力时，进口阀打开，液体进入；当柱塞向内运动时，工作腔压力升高，进口阀关闭，高于出口压力时，出口阀打开，液体排出。柱塞泵就是这样连续不断地把液体吸入升压后排出。

3. 产品型号

（1）5ZB25/16 的型号意义如图 2-14 所示。

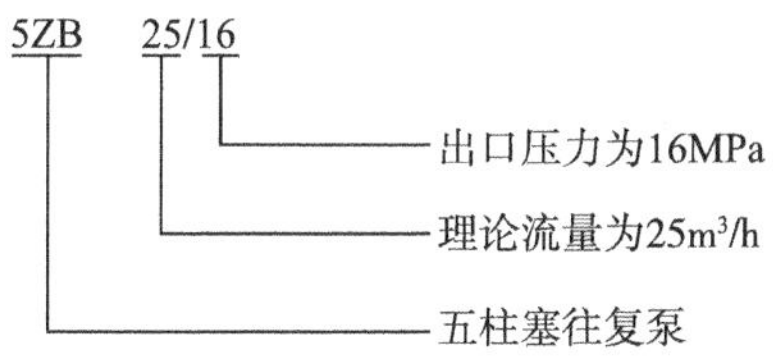

图 2-14　5ZB25/16 型号意义

（2）5DSB49/20 的型号意义如图 2-15 所示。

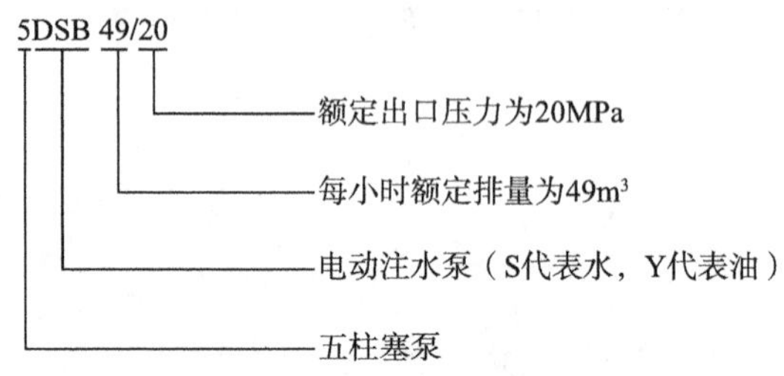

图 2-15　5DSB49/20 型号意义

4. 日常维护及注意事项

1）日常维护

（1）保持曲轴箱内润滑油的油位高度及油质合格。

（2）检查调整皮带的松紧度。

（3）检查泵排出口处的稳压蓄能器，其内储存压力应为泵排出压力的60%～80%。

（4）定期校验安全阀和压力表。

2）注意事项

（1）初次使用时应对柱塞泵工作腔进行排气。

（2）启泵前盘大皮带轮检查曲轴运转情况，再打开进口、出口、连通阀门，启泵后关闭旁通阀门。

（3）泵在运行时严禁进行任何修理作业，不能接触和拆卸运转部件。

（4）并联使用柱塞泵时，并泵及减泵要控制压力平稳。

（5）需要对泵维修作业时，必须释放泵工作腔里的压力，否则不得作业。

（6）柱塞泵运行时震动大，进出口管线必须安装耐震压力表。

二、常见故障分析与处理方法

柱塞泵故障原因分析及处理方法见表 2-2。

表 2-2　柱塞泵故障原因分析及处理方法表

序号	故障现象	故障原因分析	处理方法
1	泵的传动部分有异常声音	（1）连杆螺栓松动； （2）连杆轴瓦与轴配合间隙过大； （3）传动部分其他零件松动	（1）拧紧连杆螺栓； （2）调整或更换轴瓦； （3）调整或更换松动的零件

续表

序号	故障现象	故障原因分析	处理方法
2	滚动轴承温度过高	（1）轴承装配间隙过紧； （2）轴承内进入污物； （3）润滑脂过多或过少； （4）轴承出现疲劳蚀痕	（1）重新装配调整其轴承间隙； （2）清除轴承内污物； （3）添加适量润滑脂； （4）更换轴承
3	润滑脂温度过高	（1）传动部分装配不良； （2）呼吸阀堵塞； （3）机油变质； （4）润滑脂液面过高或过低	（1）重新装配； （2）清洗呼吸阀； （3）更换机油； （4）润滑油液面控制在合适位置
4	泵的进口管、出口管线振动剧烈	（1）泵体内有气体有存留； （2）进液阀、排液阀刺漏； （3）进液阀、排液阀密封圈损坏； （4）进液管、排液管线悬空； （5）蓄能器压力过低	（1）排净泵内气体； （2）研磨或更换进液阀、排液阀； （3）更换密封圈； （4）加固管线，消除悬空； （5）补充蓄能器内氮气
5	泵体法兰处渗漏	（1）法兰螺栓松动； （2）密封圈损坏	（1）拧紧螺栓； （2）更换密封圈
6	进液阀、排液阀的阀腔内敲击声不均匀	（1）排液阀阀盖没有压紧或螺母松动； （2）弹簧失灵或断裂； （3）阀座、阀芯损坏	（1）紧固阀盖螺栓； （2）更换弹簧； （3）更换阀座、阀芯
7	柱塞密封泄漏严重	（1）柱塞密封函体调节螺母松动； （2）密封圈磨损严重； （3）污物进入密封函体； （4）柱塞表面腐蚀或损伤	（1）调节螺母的压紧量； （2）更换密封圈； （3）清除泵体内及管道污物； （4）更换柱塞
8	泵进口、出口压力表指针摆动剧烈	（1）蓄能器充气不足或气压过高、胶囊损坏； （2）泵的进液阀、排液阀损坏； （3）进液阀、排液阀密封圈泄漏； （4）泵内进入空气； （5）滤网堵塞或来液不畅	（1）按规范充气或更换蓄能器； （2）更换进液阀、排液阀； （3）更换密封圈； （4）排净泵内空气； （5）清洗滤网或检查来液情况
9	柱塞温度过高	（1）密封函体调节螺母压得太紧； （2）密封圈装配不当； （3）与导向套的配合间隙过小或偏磨	（1）适当调整螺母； （2）调整或重新装配密封圈； （3）调整或更换导向套
10	泵的排量不足	（1）来液不足； （2）缸套磨损严重； （3）活塞磨损严重； （4）进液阀、排液阀漏失	（1）检查来液情况； （2）更换缸套； （3）更换活塞； （4）调整或更换进液阀、排液阀
11	蓄能器压力充不起来	（1）气囊损坏； （2）蓄能器漏气	（1）更换气囊； （2）修理、更换已坏零件
12	泵不排液	（1）来液压力低； （2）进液阀、排液阀盖密封口刺漏； （3）进液阀、排液阀座密封口刺漏； （4）进液阀、排液阀座密封胶圈损坏； （5）进液阀、排液阀压力弹簧坏	（1)检查来液压力，保证供液充足； （2）更换进液阀、排液阀盖； （3）更换进液阀、排液阀座； （4）更换进液阀、排液阀座密封胶圈； （5）更换进液阀、排液压力弹簧

第三节　离心泵

离心泵在油田中主要应用于注水和输油，因其结构简单、通用性强，在许多领域得到了广泛应用。

一、基础知识

离心泵是根据离心力原理设计的。按轴的位置分为立式离心泵和卧式离心泵；按叶轮数量分为单级离心泵和多级离心泵；按吸入方式分为单吸离心泵、双吸离心泵、自吸式离心泵等。

1. 结构

离心泵主要由叶轮、泵轴、泵壳及其他附件组成。离心泵结构如图 2-16 和图 2-17 所示。

图 2-16　离心泵外部结构图

1—出口；2—进口；3—黄油口；4—泵头；5—泵体；6—防爆接线盒；7—电动机；8—联轴器防护罩；9—接地线；10—底座；11—基座

图 2-17　离心泵内部结构图

1—泵轴；2—进口；3—叶轮；4—导叶；5—平衡盘；6—出口；7—拉紧螺栓

叶轮是泵的核心组成部分，由叶片、盖板和轮毂组成，它可使介质获得动能而产生流动。叶轮一般可分为开式、闭式和半开式三种。

泵轴是用来旋转泵叶轮的。泵轴应有足够的抗扭强度和足够的刚度，其挠度不超过允许值，叶轮和轴用键来连接。

泵壳主要有端盖式和中开式两种，泵壳内腔形成了叶轮工作室、吸水室和压水室。其形状和大小取决于叶轮结构形式和尺寸。

2. 工作原理

离心泵一般由电动机带动，在启动泵前，泵体及吸入管路内充满液体。当叶轮高速旋转时，叶轮带动叶片间的液体一起旋转，由于离心力的作用，液体从叶轮中心被甩向叶轮外缘（流速可增大至 15 ～ 25m/s），动能也随之增加。当液体进入泵壳后，由于蜗壳形泵壳中的流道逐渐扩大，液体流速逐渐降低，一部分动能转变为静压能，于是液体以较高的压强沿排出口流出。

3. 型号意义

（1）D80–30 × 5 的型号意义如图 2–18 所示。

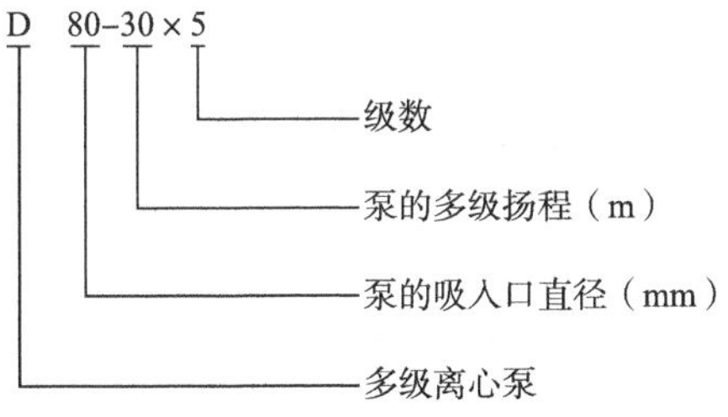

图 2–18　D80–30 × 5 型号意义

（2）FDYD25–50 × 5 的型号意义如图 2–19 所示。

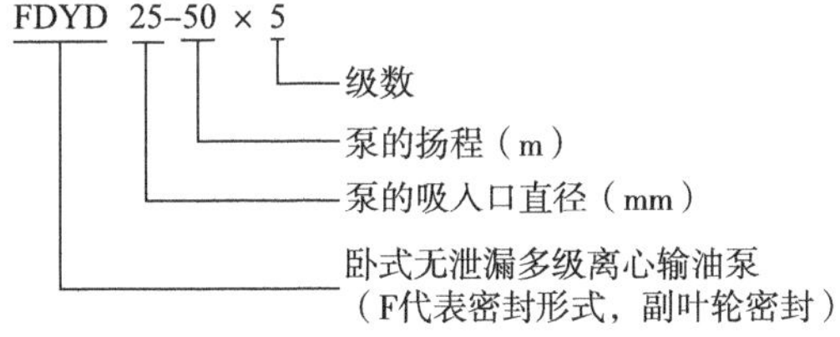

图 2–19　FDYD25–50 × 5 型号意义

4. 日常维护及注意事项

1）日常维护

（1）定期更换轴承润滑油（脂）。

（2）定期检查叶轮与密封环的配合间隙，间隙超过允许值、流量明显下降，应及时配套更换叶轮和密封环。

（3）启泵前，应用手盘泵，检查有无摩擦、转动是否受滞等故障现象。对于多级泵，还应检查转子的窜动量是否在正常范围内，如有不正常现象应立即排除。

（4）经常检查各部位的连接螺栓、紧固螺栓是否松动，管路是否有泄漏。

2）注意事项

（1）注意观察机油室油面的高低，应加至观察孔的中线。

（2）启泵前打开进口供液阀门，打开排气阀排净泵内气体；启泵运转正常，出口压力稳定后打开出口阀门。

（3）运转过程中，出现噪声或异常声音时，应立即停泵，检查原因。

（4）室外泵冬季停运后，应打开泵体各处放空阀，放尽泵中积液，以防冻裂。

二、常见故障分析与处理方法

离心泵故障原因分析及处理方法见表 2-3。

表 2-3　离心泵故障原因分析及处理方法表

序号	故障现象	故障原因分析	处理方法
1	抽空	（1）进口管线有截流（阀门未完全打开）； （2）泵入口过滤器堵塞； （3）叶轮堵塞； （4）进口密封填料漏气严重； （5）输送油温过低； （6）泵内有气体； （7）大罐内液位过低造成吸入口产生气旋	（1）检查处理进口，管线保持畅通； （2）清洗过滤网； （3）清除叶轮堵塞物； （4）调整密封填料压盖； （5）提高来油温度； （6）排净泵内气体； （7）恢复供液罐内液位

续表

序号	故障现象	故障原因分析	处理方法
2	压力不足，无排量	（1）放空不彻底，泵内有空气存留； （2）过滤器或进油管线油流不畅，初级叶轮进口堵塞； （3）油温过低或过高； （4）大罐或缓冲罐液位（压力）太低； （5）离心泵低压端密封不严、漏失，导致泵内进空气	（1）重新放空至液体自然从输出端放空阀流出为止； （2）清洗过滤器或检查进油管线通径，清理叶轮； （3）控制输油温度在 45 ～ 50℃之间； （4）控制大罐或缓冲罐液位、压力； （5）检查更换离心泵低压端密封或调整压帽螺栓
3	轴承温度过高，声音异常	（1）润滑脂（油）过多或过少； （2）润滑回油槽堵塞； （3）轴承内圆或外圆配合间隙大； （4）轴承间隙过小，严重磨损； （5）轴弯曲，轴承倾斜； （6）润滑油内有机械杂质	（1）控制润滑脂（油）至合适的量； （2）清理回油槽； （3）停泵检查，检查更换轴承； （4）停泵检查，更换合适的轴承； （5）校正或更换泵轴，重新装配； （6）更换清洁的润滑油
4	密封填料温度过高，漏失严重	（1）密封填料压盖偏磨轴套； （2）轴套表面腐蚀不光滑； （3）密封填料压盖调节过紧； （4）密封填料磨损、密封填料切口角度在同一方向； （5）轴套胶圈与轴密封不严，轴套磨损严重	（1）调整密封填料压盖； （2）打磨轴套或更换轴套； （3）密封填料压盖压入 5mm 为准，调整压盖松紧； （4）对称调紧密封填料压盖，更换密封填料，密封填料切口要错开 90° ～ 120° ； （5）更换轴套的 O 形密封胶圈，更换轴套
5	泵体振动过大，有异响	（1）联轴器减震胶垫或胶圈损坏； （2）电动机与泵轴不同心； （3）泵有汽蚀现象； （4）泵体固定螺栓松动； （5）泵轴弯曲； （6）泵转动部分静平衡不好； （7）泵体内各部件间隙不合适	（1）检查更换联轴器减震胶垫或胶圈，紧固销钉； （2）对电动机和泵联轴器进行找正； （3）在泵入口过滤器和出口处排气，控制提高罐液面； （4）紧固泵体固定螺栓； （5）校正或更换泵轴； （6）校正转动部分（叶轮、对轮）的静平衡； （7）调整泵内各部件间隙
6	排量、压力下降	（1）泵吸入口堵塞； （2）平衡板与平衡盘配合间隙不当，轴与叶轮、叶轮口环与导翼防磨环配合间隙过大； （3）叶轮损坏； （4）进油管线破漏； （5）缓冲罐液位低	（1）清除吸入口堵塞物； （2）检查并调整配合间隙； （3）更换叶轮； （4）查找并处理漏点； （5）保持缓冲罐合理液位

续表

序号	故障现象	故障原因分析	处理方法
7	启泵压力正常，随后压力缓慢下降	（1）过滤器堵塞； （2）输送的油温过高； （3）平衡管内有污物堵塞； （4）放空不彻底，影响液体进入泵内	（1）停泵清洗过滤器； （2）控制输送的油温； （3）拆下平衡管清除堵塞物； （4）排尽泵内气体
8	平衡盘磨损，泵窜量超过规定范围	（1）泵上量不好，油内杂质太多造成泵平衡盘磨损； （2）装配不当，造成泵轴允许窜量过大或过小； （3）轴承磨损，间隙变大造成轴允许窜量过大； （4）电动机轴与泵轴之间不同心	（1）更换平衡盘，校对平衡间隙； （2）重新调整装配间隙； （3）更换轴承； （4）调整设备同心度
9	平衡管、高压端泵头温度过高，泵压下降	（1）平衡板与平衡盘干磨，引起发烫； （2）轴承损坏，引起泵头温度上升； （3）设备不同心，造成高压端密封及轴承偏磨； （4）填料密封过紧，允许漏失量过小，引起泵头发烫； （5）平衡管堵塞	（1）检查更换平衡板、平衡盘； （2）检查更换轴承，定期保养； （3）调整同心度； （4）调整密封填料松紧度，达到运行要求； （5）疏通平衡管

第四节　齿轮泵

齿轮泵是利用齿轮啮合原理制成的定量泵。它通过密闭容积的变化实现吸油和排油，是一种容积泵。按齿轮啮合形式不同，可分为外啮合齿轮泵和内啮合齿轮泵，在采油现场，外啮合齿轮泵应用最为广泛。

一、基础知识

齿轮泵适用于输送黏度变化范围大的介质，它的主要特点是流量均匀、扬程高、吸入性能好、结构尺寸小、重量轻等。

齿轮泵分为低压（0～2.5MPa）、中压（2.5～8MPa）、中高压（8～16MPa）、高压（16～32MPa）和超高压（大于32MPa）等几个级别。根据不同压力级别来选用合适的齿轮泵。

1. 结构

目前现场常用的是2CY型系列齿轮泵，主要由齿轮、轴、泵体、泵盖、轴承套、轴端密封等部件组成如图2-20、图2-21所示。

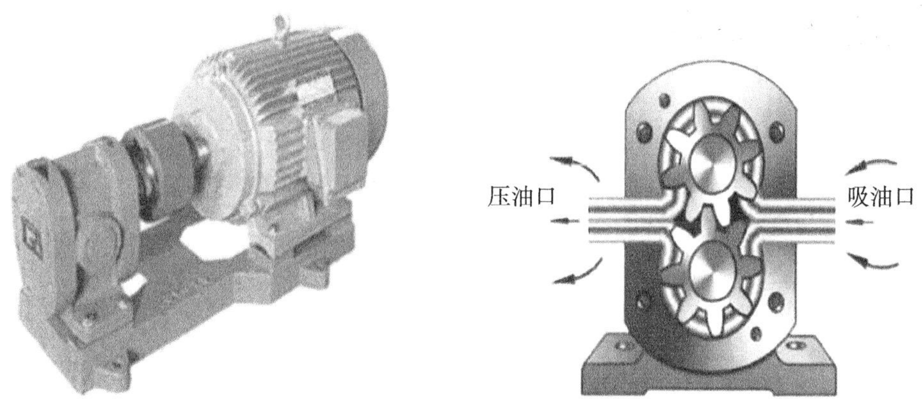

图2-20　齿轮泵结构图

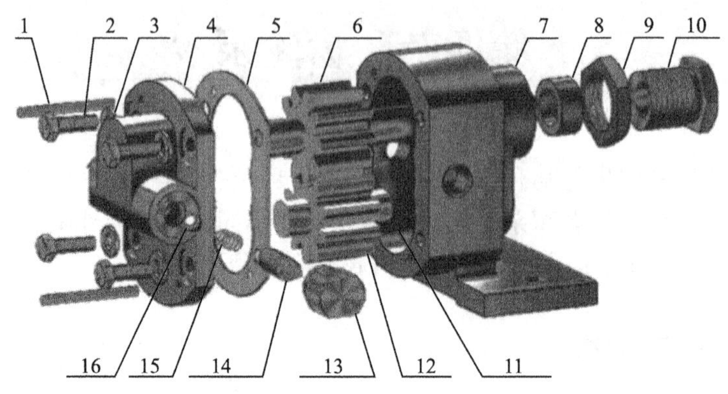

图 2-21　齿轮泵分解图

1—销；2—螺栓；3—垫圈；4—泵盖；5—垫片；6—齿轮轴；7—泵体；8—填料；9—螺母；10—压盖；11—从动轴；12—齿轮；13—防护螺母；14—调节螺母；15—弹簧；16—铜球

2. 工作原理

齿轮泵依靠泵缸与啮合齿轮间所形成的工作容积变化和移动来输送液体。齿轮泵在运转时主动齿轮带动从动齿轮旋转，当齿轮从啮合到脱开时在吸入侧就形成局部真空，液体被吸入。被吸入的液体充满齿轮的各个齿谷而带到排出侧，齿轮进入啮合时液体被挤出，形成高压液体并排出泵外。

3. 产品型号

2CY-1.1/14.5 的型号意义如图 2-22 所示。

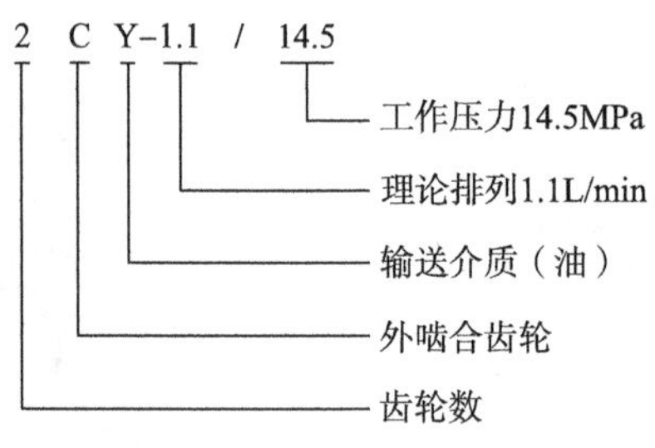

图 2-22　2CY-1.1/14.5 型号意义

4. 日常维护及注意事项

1）日常维护

（1）齿轮泵的解体、清洗、启停都应严格按照规定操作，以避免不应有的损失。

（2）保持齿轮泵入口压力的稳定及输送介质充足，确保其具有稳定的容积效率。

2）注意事项

（1）启泵前打开泵进口阀门、出口阀门再按启动按钮，避免憋压。

（2）齿轮泵运转过程中注意检查轴承和泵体各部位温度。

（3）泵停止运行时，首先切断电源，然后关闭进出口管线上的阀门，避免造成泵倒转。

二、常见故障分析与处理方法

齿轮泵故障原因分析及处理方法见表 2-4。

表 2-4　齿轮泵故障原因分析及处理方法表

序号	故障现象	故障原因分析	处理方法
1	泵不排液	（1）泵反转； （2）进口管线不畅通； （3）齿轮磨损严重； （4）黏度过高； （5）出口管线堵塞	（1）确认旋转方向； （2）疏通进口管线； （3）更换齿轮； （4）提高来液温度； （5）清理堵塞物，保持畅通
2	泵排量低	（1）齿轮啮合不好； （2）入口压力低； （3）出口管线堵塞； （4）填料函泄漏； （5）转速过低	（1）调整或更换齿轮； （2）检查入口压力，保持来液正常； （3）清理堵塞物，保持畅通； （4）调整填料后盖或更换密封填料； （5）检查电路
3	运转时声音异常	（1）联轴器偏心大或润滑不良； （2）电动机故障； （3）轴承和齿轮安装不符合要求； （4）轴封处安装不当； （5）轴变形或磨损	（1）找正或充填润滑脂； （2）检查维护电动机； （3）检查轴承和齿轮并调整； （4）检查轴封并调整； （5）校正或更换泵轴
4	泵运行电流过大	（1）出口压力过高； （2）液体黏度过大； （3）轴封装配不良； （4）轴或轴承磨损； （5）电动机故障	（1）检查下游设备及管线； （2）降低液体黏度； （3）检查轴封，适当调整； （4）停泵后检查并更换； （5）检查维修电动机
5	异常停运	（1）停电； （2）电动机过载保护； （3）联轴器损坏； （4）出口压力过高，联锁反应； （5）泵内啮合异常； （6）轴与轴承黏着卡死	（1）检查电源； （2）检查泵过载原因并处理； （3）检查并更换联轴器； （4）检查仪表联锁系统； （5）停泵后，正反转盘泵确认并调整； （6）盘泵确认并处理

续表

序号	故障现象	故障原因分析	处理方法
6	密封漏油	（1）轴封处未调整好； （2）密封填料磨损； （3）密封环摩擦面损坏或有划痕等缺陷	（1）重新调整； （2）适当拧紧螺母或更换密封填料； （3）更换动静环或重新研磨
7	噪声或振动大	（1）吸入端或过滤网堵塞； （2）齿轮轴承或侧板严重磨损； （3）管线内进入空气； （4）排出管道阻力太大	（1）清除滤网上的污物； （2）更换新齿轮、轴承或侧板； （3）放空，检查各连接密封件； （4）对管道和阀门进行检查，清除堵塞物，或调整管路减少弯头、阀门

案例分析

【案例 1】单螺杆泵万向节断，导致三通破裂漏油

1. 问题描述

某采油站输油用的单螺杆泵在运行时发出异常响声，员工随即停泵检查，发现输油螺杆泵三通处大量漏油，切换流程后上报。

2. 原因分析

当班站长对该泵进行维修检查，泵进口三通破损严重，拆卸三通后发现万向节十字连接处断裂，如图 2-23 所示。分析原因可能为以下两种：

（1）螺杆泵与电动机同心度偏差大，在螺杆泵运转时产生震动，长时间地运转，引起万向节连接处摩擦变形、断裂，如图 2-24 至图 2-26 所示。

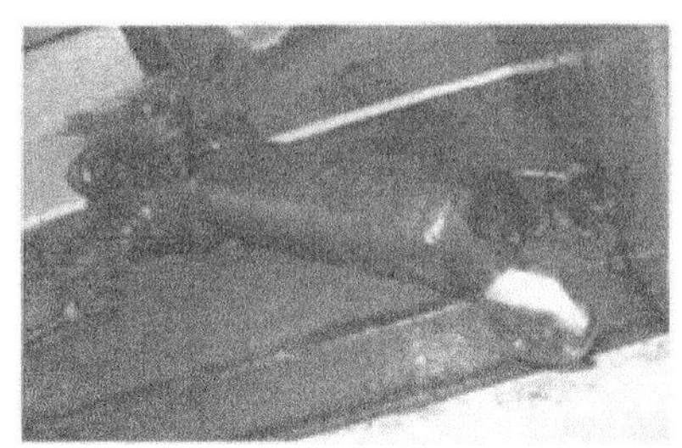

图 2-23　断裂的万向节

图 2-24　减速器传动轴钢法兰连接处断裂

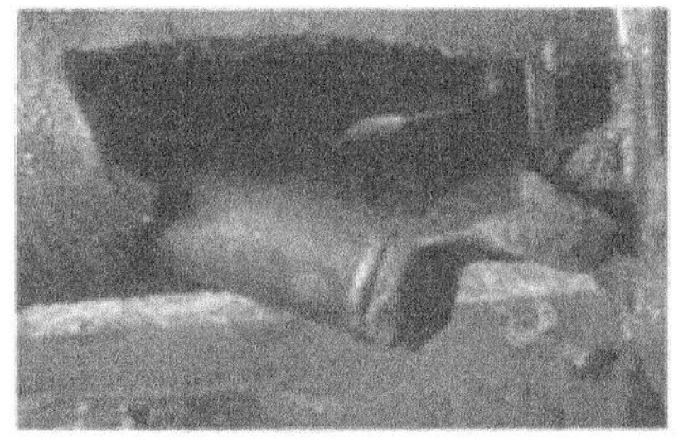

图 2-25　万向节断裂导致三通破裂

图 2-26　损坏的十字轴

（2）疲劳断裂，如图 2-27 和图 2-28 所示。

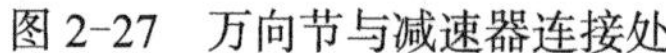

图 2-27　万向节与减速器连接处

图 2-28　使用时间过长的万向节

3. 处理措施

更换万向节和三通，重新调整泵与电动机的同心度，恢复正常生产。

4. 预防措施

调校合格的同心度，螺杆泵运行时要加强巡回检查，按时对机泵进行检修保养。

【案例 2】联轴器间隙大，同心度偏差大，造成销子被磨断

1. 问题描述

某采油站新安装的螺杆泵运行一段时间后，值班人员发现泵运行噪声越来越大，停泵检查时发现联轴器上的一条销钉螺杆被剪断，其余销钉螺杆有松动现象。

2. 原因分析

（1）联轴器间隙过大，电动机在带动螺杆泵运行时联轴器扭矩增大，泵在运转过程中产生大幅振动，使销钉螺杆出现退扣现象，如图 2-29 和图 2-30 所示。

图 2-29　联轴器间隙过大（0.8cm）

图 2-30　联轴器的同心度偏差大

（2）联轴器的同心度未调整好，电动机轴与泵轴不在同一直线上，泵体振动大，长时间运转造成销子磨断。

3. 处理措施

校正同心度，重新调整联轴器间隙。

4. 预防措施

（1）泵安装后要对其进行调校检查，确保各项运行参数符合运行要求。

（2）安装设备时，一定要参照说明书进行安装，特别是有关的技术要求，严把质量关。

（3）启泵前做好检查，对发现的问题及时处理。

【案例 3】单螺杆泵定子与转子不匹配，泵不排液或瞬时流量达不到要求

1. 问题描述

某采油站螺杆泵维修更换定子，在投入运行前盘泵阻力变小，运行时出口压力与维修前对比降低，泵瞬时流量下降。

2. 原因分析

停泵检查时发现新更换的定子与转子不匹配，定子与转子啮合间隙过大，运转时啮合点有液体漏失问题造成瞬时流量下降。

3. 处理措施

更换匹配合适的定子。

4. 预防措施

对螺杆泵维修时要检查定子与转子的匹配度，并按照技术规范要求安装。

【案例 4】螺杆泵减速器漏油

1. 问题描述

某采油站螺杆泵投入运行后发现减速器与三通的连接处有机油渗出，随着运行时间的增加，渗油情况越来越严重。

2. 原因分析

停泵拆开减速器后发现机械密封磨损严重。分析认为原因可能为以下两种：

（1）减速器机械密封长期使用，未及时进行保养，出现磨损后造成密封垫损坏而漏油，如图 2-31 所示。

图 2-31　减速器漏油

（2）由于泵体振动大，减速器的机械密封在震动时磨损加剧，造成漏油。

3. 处理措施

（1）更换机械密封和密封垫。

（2）调校泵体，消除泵体振动。

4. 预防措施

加强定期维护检查，做好日常保养。

【案例 5】更换螺杆泵输油后机械密封短时间内再次漏油

1. 问题描述

某输油站输油泵房配备两台双螺杆泵输送混合液，日常为单泵运行，某日员工巡检时发现运行的双螺杆泵机械密封处漏油量增大，随即向站长汇报，站长及时进行倒泵。当日更换新机械密封后重启输油，运行一周后机械密封处又出现漏油现象。

2. 原因分析

（1）机械密封安装时间隙调整不符合要求。

（2）固定环固定时用力过小造成固定环与轴封之间接触不紧密。

（3）密封液选择与机械密封材料不相容。

3. 处理措施

（1）调整间隙时要用千分尺进行测量，并根据测量结果进行调整。

（2）固定环固定时使用扳手适当加力，加力要均匀，避免损坏零件。

（3）选择适当密封液，并按照要求进行添加。

4. 预防措施

加强定期维护检查，做好日常保养。

【案例 6】缓冲罐液位低，多级离心泵出口压力表摆动大，泵不排液

1. 问题描述

某站员工巡检输油泵房时发现运行的输油多级离心泵出口压力表指针大幅度摆动，泵体运行声音升高，运行电流不稳定，缓冲油罐液位低于警戒线位置。

2. 原因分析

（1）缓冲罐进液量小于出液量导致罐内液位低产生气旋，气体进入泵内。

（2）回流控制阀门开度小，泵输液量大于缓冲罐进液量，低液位产生气旋，气体进入泵内。

（3）离心泵变频控制柜频率调整过大，泵输液量大于缓冲罐进液量造成罐位低，产生气旋。

3. 处理措施

（1）停泵，恢复缓冲罐液位在 1/3 ～ 2/3 之间。

（2）排净离心泵内气体后启泵。

（3）调节回流控制阀门或调节变频控制柜频率，确保缓冲罐进液量与泵排量达到稳定。

4. 预防措施

巡检时注意缓冲罐液位变化，及时调整泵排量，确保缓冲罐内液位稳定。

【案例 7】多级离心泵密封填料更换周期短，漏失量大

1. 问题描述

某站长对本站一台多级离心泵更换密封填料后投入运行，员工反映密封填料处漏失量过大，用扳手调节后密封有效期短，填料压盖一周内就压到根部。

2. 原因分析

（1）更换填料时操作不当，造成轴套外表面有机械损伤，加快填料磨损。

（2）轴套外表面有点状腐蚀，加快填料磨损。

（3）压盖两侧调节螺栓松紧度不一致，造成压盖被压偏，加快填料磨损。

3. 处理措施

（1）停泵检查轴套外表面，发现有点片状腐蚀，更换新轴套。
（2）使用软质工具添加填料，避免轴套表面损伤。
（3）调节填料压盖两侧螺栓，使压盖两侧受力均匀。

4. 预防措施

更换填料时对轴套进行检查，发现表面损伤及时更换。

【案例 8】多级离心循环泵振动过大并产生高噪声

1. 问题描述

某采油站应用多级离心泵循环高温热水，某日循环泵泵体发生明显振动，伴随振动产生高强度噪声，无法继续运行，员工切换备用泵工作后向站长汇报。

2. 原因分析

多级离心泵泵体产生振动并伴有高强度噪声通常是泵与电动机之间联动的联轴器同轴度偏差大，长时间运行导致缓冲垫磨损严重失效。

3. 处理措施

该站长打开联轴器护罩检查缓冲胶垫时发现缓冲胶垫磨损严重，缓冲垫螺栓出现磨损，更换缓冲垫及螺栓后重新调整电动机和多级离心泵的同轴度，上紧泵与电动机固定螺栓后恢复运行。

4. 预防措施

（1）定期检查缓冲垫磨损程度，发现过度磨损及时更换新缓冲胶垫。
（2）定期检查同轴度，发现偏差过大及时校正同轴度和联轴器间隙。

【案例 9】多级离心注水泵密封填料失效漏失量过大

1. 问题描述

某注水站应用多级离心泵为注水井输送高压软化水，员工巡检时发现泵排液端密封填料处水量漏失过大，停泵放压后调整填料松紧度未有改变，随即向站长汇报。

2. 原因分析

（1）注水泵长时间工作造成填料磨损严重。
（2）轴套出现腐蚀点加速填料磨损。

（3）填料压盖调节时发生偏心，单侧填料磨损加剧。

（4）填料规格不匹配。

3. 处理措施

该站长切换备用注水泵后对故障泵密封填料进行检修，取出旧填料后检查轴套外表面未发现腐蚀，对旧填料缠绕复位检查时发现单侧填料受挤压量大，挤压处填料磨损严重，判断为调节压盖偏心造成，重新添加密封填料后恢复运行。

4. 预防措施

（1）调节填料松紧度时均衡调整避免出现单侧挤压量过大。

（2）密封填料用润滑油浸泡来提高泵工作时填料的密封效果。

【案例 10】柱塞泵柱塞表面出现点状腐蚀造成密封函刺漏

1. 问题描述

某采油站运行柱塞泵加强注水，员工巡检时发现密封函处漏失量大，停泵紧固时发现柱塞表面出现点状腐蚀。

2. 原因分析

注入水中含有腐蚀性物质造成柱塞表面出点状腐蚀，泵工作时点状腐蚀对密封填料的磨损加大造成密封效果变差，最终导致密封函刺漏，如图 2-32 所示。

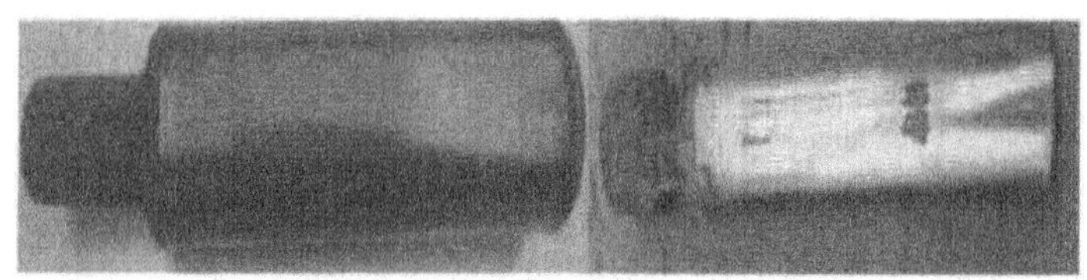

图 2-32 被腐蚀的柱塞

3. 处理措施

更换表面被腐蚀的柱塞和密封填料，启泵后试运行正常。

4. 预防措施

（1）化验注入水，中和酸碱度，避免柱塞表面腐蚀。

（2）及时调整填料压盖的松紧程度，减少漏失量。

【案例 11】柱塞泵进、排液阀腔有不正常的敲击声

1. 问题描述

某采油站员工巡检柱塞泵时听到泵液力端有不正常的敲击声，并且泵压下降，瞬时流量下降。

2. 原因分析

柱塞泵日常生产中出现异常敲击声的原因有来液不足，弹簧断，阀芯、阀座密封不严等情况。在供液充足，来液畅通的情况下可以判定为弹簧断或阀座不密封造成。

打开液力端后发现阀芯磨损严重，有一根弹簧断裂，导致发出异常敲击响声，如图 2-33 和图 2-34 所示。

图 2-33　阀芯磨损严重，密封圈损坏

图 2-34　断裂的弹簧

3. 处理措施

（1）按组更换新阀芯。

（2）更换新阀芯时及时更换弹簧、密封胶圈。

4. 预防措施

（1）选择合格的阀芯配件，定期检查阀座、阀芯。

（2）定期清洗进口过滤网，检查滤网是否损坏。

（3）泵投运前应将管线冲洗干净，避免异物进入泵内。

（4）按设备保养要求及时维护保养。

【案例 12】柱塞泵蓄能器（气囊）漏气

1. 问题描述

某采油站注水井增注柱塞泵运行时管线震动大，经检查，蓄能器无变形，连接处完好。

2. 原因分析

该泵出口压力波动较大，经检查来液情况良好，进液、排液正常，管线振动较大，对蓄能器进行充气后管线振动现象减轻，短时间后振动现象再次出现，分析认为是蓄能器故障，打开检查发现蓄能器气囊破损。

3. 处理措施

更换蓄能器气囊，充压后启泵运行正常。

4. 预防措施

（1）保持柱塞泵平稳运行。

（2）蓄能器按规范充气（氮气），定期对气囊进行气密性检查，确保蓄能器工作压力为泵工作压力的 60%。

（3）蓄能器损坏时，及时更换。

（4）按时巡回检查，发现异常及时处理。

【案例 13】柱塞泵密封填料刺漏导致机油乳化

1. 问题描述

某采油站注水井增注泵密封填料压帽处刺漏严重，污水舱内存水量大，减速器内机机油乳化变白，如图 2-35 所示。

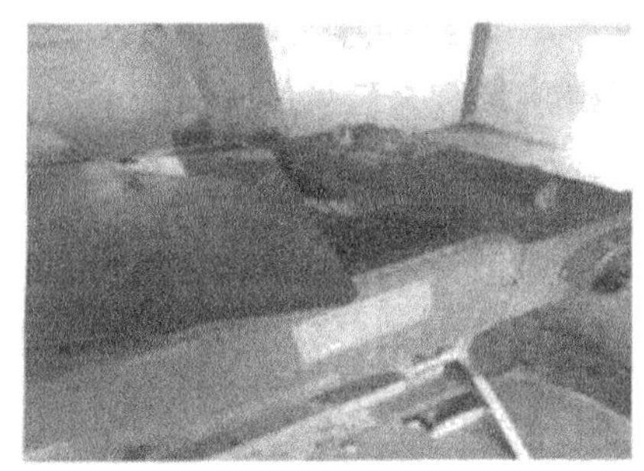

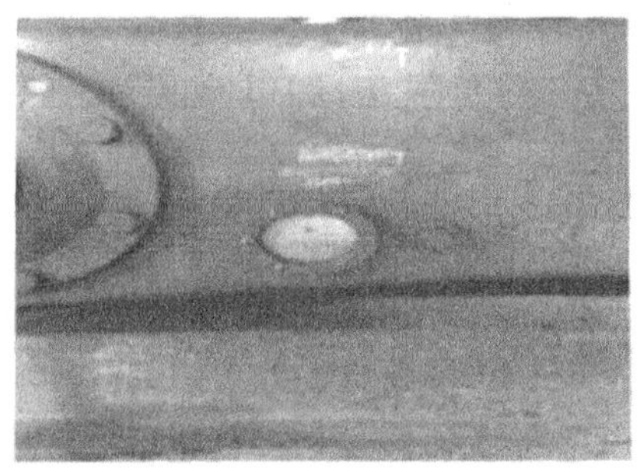

图 2-35　密封填料刺漏及乳化的机油

2. 原因分析

液力端密封填料损坏后未及时更换，导致水从密封填料压帽处刺出，刺出的水溅在连杆上，连杆附着的水珠被带入曲轴箱，水与机油混合后造成将机油乳化。不及时更换机油最终会导致动力端曲轴瓦、曲轴损坏。

3. 处理措施

（1）更换密封填料。

（2）清理机油箱，重新加注机油，检查动力端各部件是否完好。

4. 预防措施

（1）加强巡检，防止事故发生。

（2）密封填料漏失量应在 10 ～ 15 滴 /min 以内，如果漏失量大，必须及时紧固密封填料压帽或更换密封填料，避免刺漏。

【案例 14】柱塞泵进、排液阀刺漏严重泵不排液

1. 问题描述

某采油站员工巡检至本站注水井，检查该井三缸柱塞式增注泵时发现泵进口、出口压力一致，井口流量计显示无流量，柱塞泵无负载声，判断为柱塞泵液力端进液阀、排液阀不工作，向站长汇报。

2. 原因分析

由于输送介质内携带细微砂粒等杂质，进液阀、排液阀阀盖与阀座密封时细微砂粒在密封处残留造成密封不严形成高压回流，在高压回流的长时间作用下密封处刺漏严重形成回流沟槽，沟槽过大无法继续输送介质。

3. 处理措施

站长到达现场停泵切换流程后放净液力端压力，打开进液阀、排液阀上压盖、下压盖，取出进液阀、排液阀检查阀盖与阀座发现有两处进液阀阀座密封处出现沟槽，更换三组进液阀、排液阀，切换流程恢复运行。

4. 预防措施

（1）降低输送介质内细微砂粒或杂质含量。

（2）进液流程加高压过滤缸，过滤缸内用高强度的尼龙材质的过滤棉替代过滤网。

（3）定期对过滤缸内过滤棉进行清洗，防止杂质堆积过多造成堵塞。

练习题及答案

第一节

1. 单选题（每题有4个选项，只有1个是正确的，将正确的选项填入括号内）

（1）螺杆泵也称为（　），在采油常用于输送油水介质，它结构简单，便于安装操作、维修保养，运行成本低。

A. 万能泵　　B. 通用泵　　C. 间歇泵　　D. 分离泵

（2）螺杆泵适用于输送（　）及纤维的介质。

A. 低黏度、含有腐蚀性　　B. 高黏度、含有硬质悬浮颗粒

C. 高黏度、含有腐蚀性　　D. 低黏度、含有软质悬浮颗粒

（3）单螺杆泵主要由防爆电动机、联轴器、（　）、万向节、泵体及机座组成。

A. 皮带　　B. 变压器　　C. 减速器　　D. 单流阀

（4）双螺杆泵采用（　）结构，螺杆两端处于同一压力腔中，轴向力可以自行平衡。

A. 单吸式　　B. 双吸式　　C. 复吸式　　D. 吸式

（5）单螺杆泵 CQ19-2.4J 型号中 J 意义是（　）。

A. 该泵的传动方式为减速器传动方式　　B. 额定压力（MPa）

C. 该泵每小时的额定排量（m^3/h）　　D. 该产品的代号

2. 判断题（对的画“√”，错的画“×”）

（　）（1）螺杆泵按转子数可分为单螺杆泵、双螺杆泵和三螺杆泵等。

（　）（2）单螺杆泵只有两个转子，其工作时通过定子和转子的啮合产生容积变化输送液体，利用输送介质对定子进行润滑。

（　）（3）单螺杆泵泵体主要的元件是定子（衬套）和转子（螺杆），组成了衬套螺杆副，由于单螺杆在衬套中进行复杂的行星运动，因此螺杆与中间传动轴之间有一个万向节总成，其尺寸根据传动功率及转速确定。

（　）（4）泵体上有两种进出口方向：一为垂直向下进，水平出；二为水平进，垂直向上出。

（　）（5）三螺杆泵的内部结构主要是由一根主杆、两根从杆和包容这三根螺杆的衬套组成。主杆为凹型双头螺纹，从杆为凸型双头螺纹，二者的螺旋方向相反。

参考答案

1. 单选题

（1）A　（2）B　（3）C　（4）B　（5）A

2. 判断题

（1）√　（2）×　（3）√　（4）√　（5）×

第二节

1. 单选题（每题有4个选项，只有1个是正确的，将正确的选项填入括号内）

（1）柱塞泵（　），并且能在泵压变化的条件下实现流量恒定，也可在严苛条件下输送特种介质，如腐蚀性、磨砺性、高黏度、高密度及高温介质等。

A. 效率高、排出压力高、维修简单

B. 效率低、排出压力高、维修复杂

C. 效率高、排出压力低、维修简单

D. 效率高、排出压力高、维修复杂

（2）柱塞泵属于容积式泵，它依靠活塞或柱塞在泵缸内做（　）来改变工作室的容积，从而达到吸入和排出液体的目的。

A. 左右运动　B. 间歇运动　C. 上下运动　D. 往复运动

（3）柱塞泵由电器部分、（　）、液力端和传动部分组成。

A. 连接端　B. 传动端　C. 动力端　D. 工作端

（4）柱塞泵检查泵排出口处的蓄能器，其内储存压力应为泵排出压力的（　）。

A.10%～20%　B.30%～40%　C.50%～60%　D.60%～80%

（5）5DSB49/20 的型号意义，49 表示（　）额定排量为 $49m^3$。

A. 每小时　B. 每分钟　C. 每天　D. 每秒

2. 判断题（对的画“√”，错的画“×”）

（　）（1）柱塞泵效率高、排出压力高、维修简单，并且能在泵压变化的条件下实现流量恒定，也可在严苛条件下输送特种介质。

（　）（2）柱塞泵属于容积式泵，它依靠活塞或柱塞在泵缸内做往复运动来改变工作室的容积，从而达到吸入和排出液体的目的。

（　）（3）柱塞泵电器部分由动力箱、曲轴、连杆、轴承和十字头体等组成。

（　）（4）柱塞泵由电气部分、动力端、液力端和传动部分组成。

（　）（5）在电动机的带动下，柱塞通过连杆机构在缸套中做往复运动，当柱塞向外运动时，工作室内压力降低，出口阀关闭，低于进口压力时，进口阀打开，液体进入；当柱塞向内运动时，工作室压力升高，进口阀关闭，高于出口压力时，出口阀打开，液体排出。

参考答案

1. 单选题

（1）A　（2）B　（3）C　（4）D　（5）D

2. 判断题

（1）√　（2）√　（3）×　（4）√　（5）√

第三节

1. 单选题（每题有4个选项，只有1个是正确的，将正确的选项填入括号内）

（1）离心泵是按轴的位置分为（　）两大类。

A. 卧式离心泵和立式离心泵

B. 单级离心泵和多级离心泵

C. 单吸离心泵和双吸离心泵

D. 自吸式离心泵和负吸式离心泵

（2）叶轮一般可分为（　）。

A. 开式、闭式　　　　B. 开式、闭式和半开式

C. 开式和半开式　　　D. 闭式和半开式

（3）泵轴是用来旋转泵叶轮的，泵轴应有足够的抗扭强度和足够的（　），其挠度不超过允许值，叶轮和轴用键来连接。

A. 刚度　　B. 塑性　　C. 弹性　　D. 可焊性

（4）当液体进入离心泵泵壳后，由于蜗壳形泵壳中的流道逐渐扩大，液体流速逐渐降低，一部分动能转变为（　），于是液体以较高的压强沿排出口流出。

A. 电能　　B. 机械能　　C. 静压能　　D. 惯性能

（5）离心泵 D80-30×5 的型号，其中 80 代表（　）意义。

A. 级数　　　　　　　　　　　　B. 泵的多级扬程（m）

C. 泵的吸入口直径（mm）　　　　D. 多级离心泵

2. 判断题（对的画“√”，错的画“×”）

（　）（1）离心泵是油田注水、输油的主要设备，因其结构复杂、通用性强，在许多领域得到了广泛应用。

（　）（2）离心泵主要由叶轮、泵轴、泵壳及其他附件组成。

（　）（3）叶轮是泵的核心组成部分，由叶片、盖板和轮毂组成，它可使介质获得动能而产生流动。

（　）（4）离心泵泵壳主要有端盖式和闭式两种，泵壳内腔形成了叶轮工作室、吸水室和压水室。

（　）（5）当叶轮高速旋转时，叶轮带动叶片间的液体一起旋转，由于离心力的作用，液体从叶轮中心被甩向叶轮外缘（流速可增大至 15 ～ 25m/s），动能也随之减小。

参考答案

1. 单选题

（1）A　（2）B　（3）A　（4）C　（5）B

2. 判断题

（1）×　（2）√　（3）√　（4）×　（5）×

第四节

1. 单选题（每题有 4 个选项，只有 1 个是正确的，将正确的选项填入括号内）

（1）齿轮泵是利用齿轮啮合原理制成的定量泵，它通过密闭容积的变化实现吸油和排油，是一种（　）。

A. 容积泵　　　B. 体积泵　　　C. 机械泵　　　D. 往复泵

（2）齿轮泵分为（　）等几个级别。

A. 低压、中压

B. 低压、中压、中高压

C. 低压、中压、中高压、高压

D. 低压、中压、中高压、高压和超高压

（3）目前现场常用的是（　）系列齿轮泵，主要由齿轮、轴、泵体、泵盖、轴承套、轴端密封等部件组成。

A.2CY 型　　B.3CY 型　　C.4CY 型　　D.5CY 型

（4）齿轮泵在运转时主动齿轮带动从动齿轮旋转，当齿轮从啮合到脱开时在吸入侧就形成（　）真空，液体被吸入。

A. 全部　　B. 上部　　C. 局部　　D. 下部

（5）齿轮泵 2CY-1.1/14.5 的型号 Y 代表（　）意义。

A. 理论排列　　B. 输送介质（油）

C. 个啮合齿轮　　D. 齿轮数

2. 判断题（对的画“√”，错的画“×”）

（　）（1）按齿轮啮合形式不同，齿轮泵可分为外啮合齿轮泵和内啮合齿轮泵，而以内啮合齿轮泵在采油现场应用最为广泛。

（　）（2）齿轮泵适用于输送黏度变化范围大的介质，它的主要特点是流量均匀、压头高、吸入性能好、结构尺寸小、重量轻等。

（　）（3）齿轮泵被吸入的液体充满齿轮的各个齿谷而带到排出侧，齿轮进入啮合时液体被挤出，形成低压液体并排出泵外。

（　）（4）齿轮泵依靠泵缸与啮合齿轮间所形成的工作容积变化和移动来输送液体。

（　）（5）齿轮泵 2CY-1.1/14.5 的型号 14.5 代表工作压力 14.5MPa。

参考答案

1. 单选题

（1）A　（2）D　（3）C　（4）C　（5）B

2. 判断题

（1）×　（2）√　（3）×　（4）√　（5）√

第三章 加热设备故障判断与处理

石油的生产和输送离不开加热设备，加热设备处理的物料具有易燃、易爆、易挥发及易产生静电等特点，设备工作时需要明火升温，危险性较大，因此加热设备是石油石化企业生产过程中防火、防爆的重点部位。加热设备的种类较多，目前油田普遍使用的加热设备主要有常压水套炉、真空相变加热炉、水套式加热炉等。

第一节　常压水套炉

常压水套炉是油田生产中对原油进行加温，确保原油在输油管道中不出现结蜡、凝结现象，是采油站的一种常用设备。

一、基础知识

常压水套炉（图 3-1）排烟处与大气相连通，不承受供热系统的水柱静压力，炉体内加入定量的水，火焰在燃烧系统内产生的热量传导加热炉体内的水，热水对盘管内的输送介质实施热量传导。常压水套炉按燃料的不同可以分为燃油常压水套炉、燃气常压水套炉和燃煤常压水套炉三种。

图 3-1　常压水套炉

1. 结构

常压水套炉整体的结构包括常压水套炉主体和辅助设备两大部分。常压水套炉主体包括炉膛、炉筒、构架和炉壳等主要部件。辅助设备包括水泥基础、烟囱、燃烧器、烟囱绷绳、挡板拉绳及安全附件等，如图 3-2 所示。

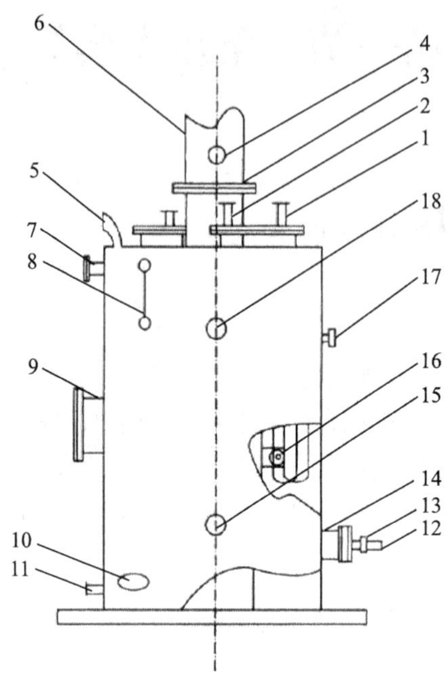

图 3-2　常压水套炉结构图

1—出油口；2—进油口；3—烟囱法兰；4—烟囱挡板；5—大气连通管；6—烟囱；7—溢流口；8—水位计；9—人孔；10—手孔；11—排污口；12—燃气装置；13—调风门；14—炉门；15—回水入口；16—锁紧螺栓；17—温度计；18—热水出口

2. 工作原理

常压水套炉基本工作原理：燃烧器将燃气充分混合燃烧，通过辐射和对流，将热量传递给炉体内的中间介质——水，水与低温盘管壁换热，将热量传递给盘管换热器内流动的介质，实现加热炉的换热。

3. 产品型号

常压水套炉型号由三部分组成，各部分之间用短横线相连。

（1）CLSG0.18-90/70-AVⅡ/Q 的型号意义如图 3-3 所示。

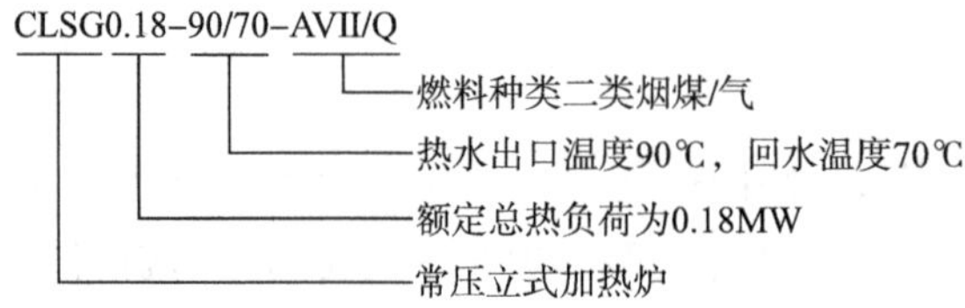

图 3-3　CLSG0.18-90/70-AVⅡ/Q 型号意义

（2）CLSG（T）0.26–Y/4.0–90/70–AⅡ/Q–Ⅱ的型号意义如图 3–4 所示。

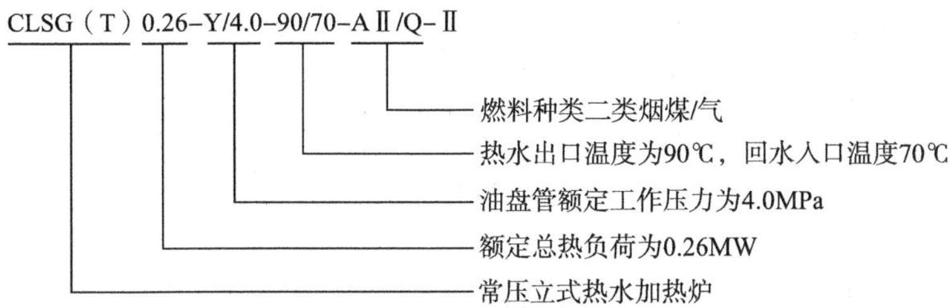

图 3–4　CLSG（T）0.26–Y/4.0–90/70–AⅡ/Q–Ⅱ型号意义

（3）CWHJ300–Y/6.3–Q（Y）/Z 的型号意义如图 3–5 所示。

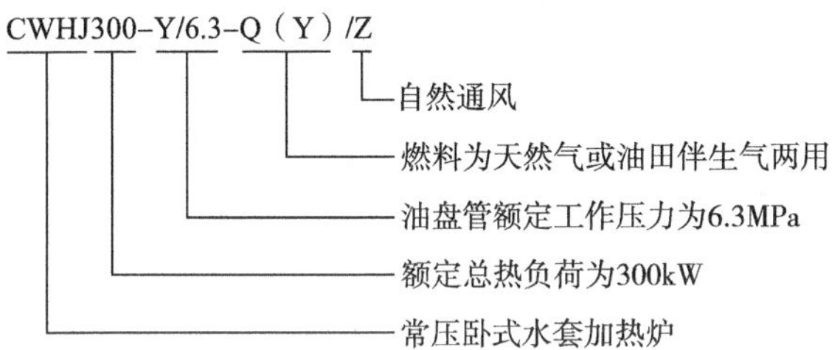

图 3–5　CWHJ300–Y/6.3–Q（Y）/Z 型号意义

（4）CHJ0.4–YS/6.3–Q/Z 的型号意义如图 3–6 所示。

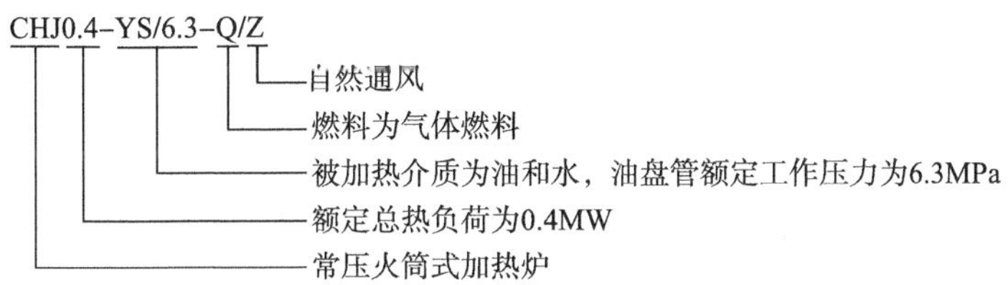

图 3–6　CHJ0.4–YS/6.3–Q/Z 型号意义

4. 日常维护及注意事项

1）日常维护

（1）清洁燃烧火管内的沙尘、杂物等，保持洁净。

（2）定期检查燃烧器燃气喷嘴有无堵塞。

（3）经常检查燃气管路及控制管路管线是否有漏气现象，如有问题应及时解决。

（4）经常检查工艺管道供气压力、燃气管道工作压力及流量是否正常。

（5）观察和调整火焰状态，要求各火嘴燃烧的火焰颜色正常、均匀、稳定。

（6）运行中常压水套炉水的进出口温度不得大于规定温度，水位保持在规定范围内。

（7）经常观察炉膛燃烧情况，保证燃烧正常，防止火嘴和火嘴砖结焦。

2）注意事项

（1）点炉前应吹扫 15 ～ 30min，按照“三不点”（不检查不点炉，天然气无控制不点炉，气管线漏气、炉膛内充满气体不点炉）原则进行操作，火力控制应由小到大。

（2）停炉或停电后应立即关闭天然气，严防气体聚集爆炸。

（3）若长期停炉，应将炉内水套和循环管线水放净，防止锈垢腐蚀设备。

（4）检修和拆装时应吹扫炉膛和油管，防止余油残气引发事故。

（5）检查燃气装置固定牢靠，气路接头坚固不泄漏后，方可进行点火操作。

（6）运行时水位保持在炉体 1/2 ～ 2/3 处，确保盘管不露出水面。

（7）常压水套炉严禁受压使用，大气连通管必须畅通。

（8）拆卸盘管时，首先卸开所有法兰螺栓及炉体内盘管固定装置，方可将盘管总体从炉顶缓慢提出。

（9）运行中严禁无水干烧，以免造成事故。若发现炉内严重缺水，应立即停止加热，待炉体冷却后查明原因，及时进行处理，严禁贸然加冷水，以防热胀冷缩造成炉膛炸裂。

（10）冬季停炉时必须放尽水，以防炉体冻裂。

二、常见故障分析与处理方法

常压水套炉故障原因分析及处理方法见表 3-1。

表 3-1　常压水套炉故障原因分析及处理方法表

序号	故障现象	故障原因分析	处理方法
1	燃烧不稳定	（1）燃气压力过高； （2）供气含油（水）； （3）燃气火嘴结焦堵塞； （4）风门调整不当或有倾斜现象	（1）降低燃气压力； （2）按要求对气液分离器进行排放，保证气中的游离水有效分离； （3）清洗或更换火嘴，定期清洗燃烧器的过滤器及喷嘴； （4）调节风门开度使供风量合适，燃烧充分，如倾斜应调整到合适

续表

序号	故障现象	故障原因分析	处理方法
2	燃烧器点不着火	（1）气压过低； （2）风门开度太大； （3）燃烧器点火电路故障； （4）燃烧器火嘴堵塞； （5）燃烧器减压阀未复位； （6）减压阀供气压力设置偏低； （7）风压开关不工作	（1）检查燃气供应系统的流程，保证流程的正确性及燃烧介质供给充足； （2）调整进风量保证燃烧充分； （3）检查进线、接线正确，保证电路畅通排除电路故障； （4）清洗火嘴； （5）对燃烧器减压阀进行复位； （6）调整减压阀供气压力，保证供气压力正常； （7）检查风压开关，排除故障
3	烟囱冒黑烟	（1）燃料供给量过大，风门开度太小； （2）喷嘴或火嘴结焦； （3）配风器烧损或燃烧器损坏； （4）燃料气含油； （5）烟道不畅	（1）调整燃料供给，缓慢调大风门至火焰呈淡蓝色； （2）对火嘴进行拆洗或更换； （3）更换配风器或更换燃烧器； （4）对燃料气中的油进行清除； （5）检查烟道及排烟囱，清理积灰
4	火焰不均匀	（1）供给阀开度达不到要求； （2）火嘴有堵塞； （3）火嘴偏斜、烧损、变形	（1）调节供给阀开度，达到燃烧要求； （2）对火嘴进行清理，清除堵塞物； （3）对正，更换火嘴
5	非正常熄火	（1）熄火保护系统故障； （2）燃料无供给或者供给系统堵死； （3）燃烧器联锁保护元件失灵	（1）检查熄火保护系统的元件，并对损坏元件进行更换； （2）检查燃料供给系统并进行处理，如堵塞应进行清除； （3）对燃烧器联锁保护元件进行更换
6	温度达不到要求	（1）燃料供给不足； （2）被加热介质流量太大； （3）设备主体及附件密封不严密； （4）炉体结垢严重	（1）检查燃料供给系统阀门元件等是否堵塞，燃料供给是否充足并进行处理； （2）减少被加热介质的流量； （3）对炉体及其他密封件逐项进行系统泄漏的排查； （4）使用低矿化度用水，对炉体进行清理结垢和防垢工作
7	液位计中有原油	炉体内的盘管有漏失点	停炉检修处理漏失点
8	出口温度过高	（1）水循环系统堵塞； （2）进入炉内盘管介质减少	（1）停炉，检查循环水流程并清理堵塞； （2）检查盘管进出口压力，核实生产参数

第二节　真空相变加热炉

真空相变加热炉具有安全可靠、热效率高、节能环保、寿命长、适用性广泛、自动化程度高及运行成本低等特点，以其核心技术的先进性和配套技术的完善性，深受油田欢迎，是油田用于油气分离、原油加热、生活采暖较为理想的加热设备。目前我国各油田都普遍使用真空相变加热炉。

一、基础知识

真空相变加热炉（图 3-7）是一种在壳体内设置炉胆、烟室、烟管或火筒式加热装置，通过工作压力（压强）始终小于当地大气压的中间载热体对壳体内盘管中介质进行加热的专用设备。真空相变加热炉按其盘管放置形式可以分为一体式真空相变加热炉和分体式真空相变加热炉。

图 3-7　真空相变加热炉

1. 结构

1）一体式真空相变加热炉

一体式真空相变加热炉主要由炉体部分和其他配套设备组成。炉体主要由下部热水室和上部真空室组成，其他配套设备有燃烧器、控制系统和操作间等。一体式真空相变加热炉结构如图 3-8 所示。

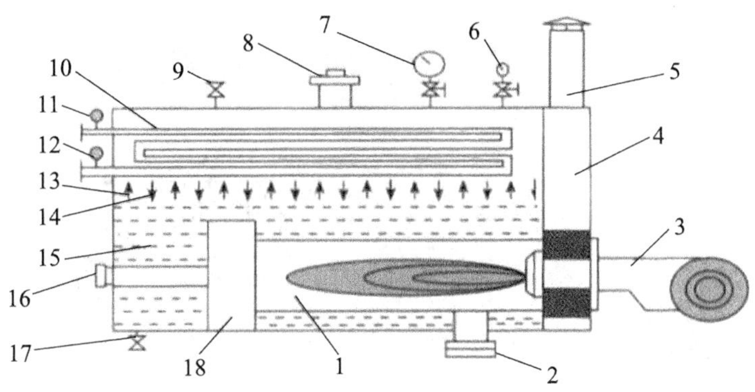

图 3-8　一体式真空相变加热炉结构图

1—燃烧室；2—防爆门；3—燃烧器；4—前烟箱；5—烟囱；6—压力变送器；7—压力表；8—真空阀；9—进气阀；10—换热盘管；11—出口温度变送器；12—进口温度变送器；13—热载体；14—冷凝水；15—中间介质；16—观察孔；17—排污阀；18—回燃室

2）分体式真空相变加热炉

分体式真空相变加热炉主要由低压蒸汽发生器（炉体）、换热器、燃烧器和蒸汽接管等组成。与一体式真空相变加热炉不同的是，将换热盘管改用换热器，从炉体中独立出来，其外形结构如图 3-9 所示。

图 3-9　分体式真空相变加热炉

2. 工作原理

真空相变加热炉工作原理是在燃烧器内燃气充分燃烧，通过辐射、传导将热量传递给锅壳内的中间介质——水，水受热沸腾产生蒸汽，蒸汽与低温的换热盘管壁换热，冷凝成水，将热量传递给盘管换热器内流动的介质。凝结后的水继续被加热炉汽化，如此循环往复，实现加热炉的换热，如图 3-10 和图 3-11 所示。

图 3-10　真空相变加热炉工作原理图

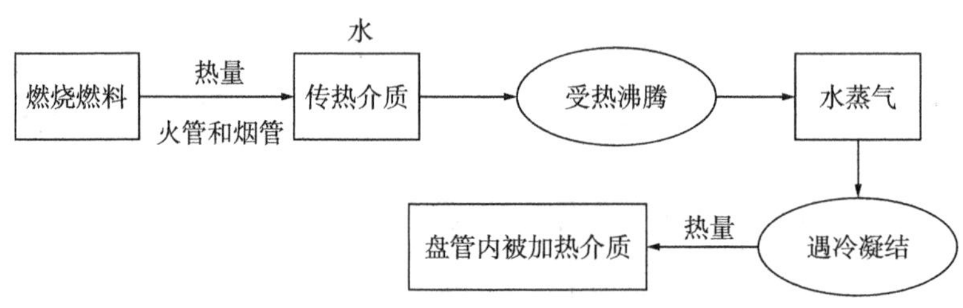

图 3-11　真空相变加热炉工作流程示意图

3. 产品型号

加热炉型号由 3 部分组成，各部分之间用短横线相连，具体如图 3-12 所示。

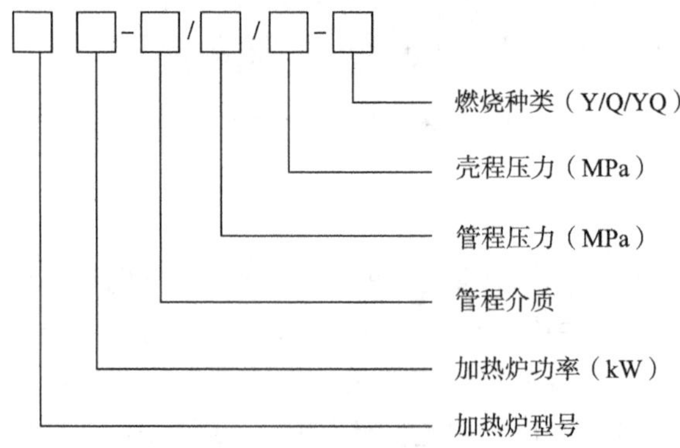

图 3-12　真空相变加热炉型号意义

型号说明：

相变加热炉——VH；采暖加热炉——CWNS；天然气相变加热炉——VHG。

加热炉功率——加热炉的热效率，单位为 kW。

管程介质——即被加热介质：原油（Y）、污水（SY）、天然气（Q）、多种介质（DY）、采暖水（SH）。

管程压力——被加热介质的设计压力，单位为 MPa；被加热介质为多种介质，则此项不表示。

壳程压力——单位为 MPa。此项在型号中不表示（一般工作压力为 -0.01 ～ 0.02MPa）。

燃料种类——天然气（Q）、油（Y）、油气（YQ）。

示例：ZHJ1000-YS/6.3-Q（Y）型号意义如图 3-13 所示。

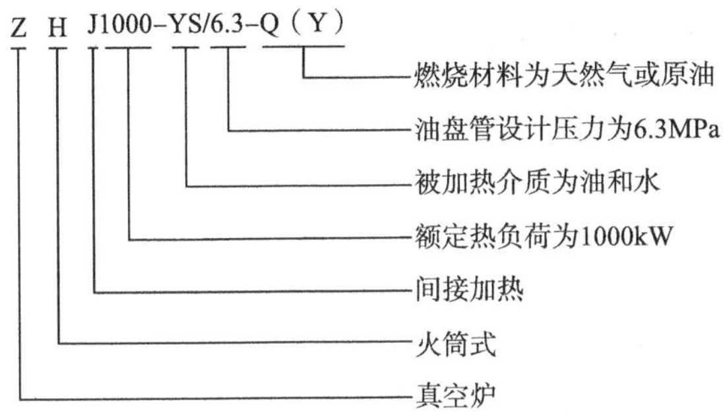

图 3-13　ZHJ1000-YS/6.3-Q（Y）型号意义

4. 日常维护及注意事项

1）日常维护

（1）应定期检查、查看液位计指示刻度，若缺水应添加，加水后需要重新进行排气。

（2）若发现燃烧器燃烧时喘振，两烟箱门温度异常过热，应在适当时候停炉降温后，小心拧下两烟箱门的固定螺栓，拆开烟箱门查看。

（3）经常检查燃气管路及控制管路管线是否有漏气现象，如有问题应及时解决。

（4）经常检查工艺管道供气压力、燃气管道工作压力及流量是否正常。

（5）要求燃烧的火焰颜色正常、均匀、稳定。

（6）运行中加热炉的进出口温度不得大于规定温度，水位保持在规定范围内。

（7）经常观察炉膛燃烧情况，保证燃烧正常，防止燃烧器火嘴结焦。

（8）检查烟箱盖和防爆门密封垫，如若损坏必须更换。

2）注意事项

（1）停炉或停电后应立即关闭天然气，严防气体聚集爆炸。

（2）长期停炉时，应将炉内水套和循环管线水放净，防止锈垢腐蚀设备。

（3）检修和拆装时应吹扫炉膛和油管，防止余油残气引发事故。

（4）燃气管路连接及附件，在使用时可能发生微渗漏。为保证空气流通，在操作间顶部设有可调通气孔，即使在冬季也不得将其完全关闭。当外界环境温度高于5℃时，建议适度开启两侧窗户。

（5）操作间内禁止动火。

（6）真空阀是保证锅壳非承压运行的关键部件，不得随意拆解、修改，以免其无法正常工作，给锅壳造成承压运行隐患。

（7）当控制柜上的报警仪发出报警铃声时，应检查报警原因，消除故障。

（8）冬季停炉时，视情况放尽水，以防炉体冻裂；夏季停炉时，采用干式或湿式保养。

二、常见故障分析与处理方法

真空相变加热炉故障原因分析及处理方法见表3-2。

表3-2 真空相变加热炉故障原因分析及处理方法表

序号	故障现象	故障原因分析	处理方法
1	接通电源，燃烧器不启动，程控器故障灯亮	（1）熔断丝断； （2）程控器故障； （3）电源接线松脱	（1）检查，更换电源熔断丝； （2）排除程控器故障； （3）插紧电源接线
2	燃烧器的电动机转动，执行吹风程序后，燃烧器停机，程控故障灯亮	（1）电动机反转； （2）风压开关检测不到风压或风压过高	（1）调整电动机转动方向； （2）重新调整风压开关
3	接通电源，燃烧器上电动机转动，吹风程序过后，打火电极打火，没有燃气被点燃，程控器故障灯亮	（1）燃气总阀没有打开； （2）供气压力过低； （3）燃气阀组故障	（1）打开燃气总阀门； （2）提高供气压力保证在合理的范围内； （3）排除燃气阀组故障

续表

序号	故障现象	故障原因分析	处理方法
4	接通电源，燃烧器电动机转动，吹风程序过后，有燃气喷出，但没有火焰，稍后燃烧器停机，程控器故障灯亮	（1）点火变压器故障，不能输出高电压； （2）连接点火变压器至点火电极的高压线断或插头松脱，点火电极的绝缘磁棒碎裂，点火电极周围积聚了大量污垢，无法正常产生电弧，点火电极的位置不正确； （3）程控器故障	（1）修理或更换点火变压器； （2）检修高压线插头是否插紧，更换或擦净点火电极，重新调拨点火电极； （3）修理或更换程控器
5	接通电源，燃烧器电动机转动，吹风程序后，打火电极打火，正常地喷出火焰，但稍后燃烧器停机，程控器故障灯亮	（1）程控器失灵； （2）感温棒失灵或线松脱； （3）风力过大，火焰被吹灭	（1）更换程控器； （2）将感温棒表面擦拭干净，插紧连接线，如不能正常运行更换感温棒； （3）重新调节风门
6	燃烧器异常停机	（1）程控器指示正常，说明是燃烧器故障； （2）电源接线不牢固或接触不良、程控器与接线座接； （3）燃烧器附近环境温度太高或太潮湿； （4）燃烧器的部分组件接线不牢固、接触不良或组件里某些元件的焊接点不牢固； （5）燃烧器停机与开机的间隔时间太短	（1）检修或更换燃烧器； （2）通过修复保持电接触状态良好； （3）保持操作间通风良好； （4）检修使电接触部分连接牢固； （5）延长开机与停机时间间隔
7	燃烧状况不稳定	（1）燃气供给过高； （2）燃料气含油（水）； （3）油燃烧器燃气火嘴结焦堵塞； （4）风门调整不当	（1）降低供气压力； （2）按要求对压力缸或气液分离器进行排放； （3）清洗或更换火嘴； （4）调节风门开度使供风量合适，燃烧充分
8	燃烧器点不着火	（1）气压过低； （2）风门开度太大； （3）燃烧器点火电路故障； （4）燃烧器火嘴堵塞； （5）燃烧器减压阀未复位； （6）减压阀供气压力设置偏低，风压开关不工作或助燃送风量不足	（1）检查燃料供应系统的流程，保证流程的正确性及燃烧介质供给充足； （2）关小风门调整进风量，保证燃烧充分； （3）排除电路故障； （4）清洗燃烧器火嘴； （5）对燃烧器减压阀进行复位； （6）调整减压阀供气压力，保证供气压力正常

续表

序号	故障现象	故障原因分析	处理方法
9	加热炉换热效果差	（1）加热盘管内结垢； （2）烟管内有大量的烟灰	（1）清洗或更换新的盘管、停炉清理； （2）停炉对烟管进行清理，保证烟管畅通
10	加热炉进出口压差过大	（1）进出口阀门没有打开到位或者出现故障； （2）盘管积垢或内部弯头堵塞	（1）检查处理阀门控制问题或更换阀门； （2）清洗盘管积垢，对内部弯头堵塞物进行清理
11	液位计显示失灵	（1）加热炉内水太脏； （2）液位计内部太脏； （3）液位计磁浮子失磁或进水	（1）停炉，更换加热炉用水； （2）拆开液位计，用水冲洗干净； （3）更换液位计磁浮子
12	烟囱冒黑烟	（1）燃料供给量过大，风门开度太小； （2）喷嘴或火嘴结焦； （3）配风器烧损或燃烧器损坏； （4）燃料气含油； （5）烟道不畅	（1）调整燃料供给，缓慢调大风门至火焰呈淡蓝色； （2）对火嘴进行拆洗或更换； （3）更换配风器或更换燃烧器； （4）对燃料气中的油进行清除； （5）检查烟道及烟囱，清理积灰
13	火焰不均匀	（1）供给阀开度达不到要求； （2）火嘴有堵塞； （3）火嘴偏斜、烧损、变形	（1）调节供给阀开度，达到燃烧要求； （2）对火嘴进行清理，清除堵塞物； （3）对正，更换火嘴

第三节　水套式加热炉

水套式加热炉也是油田常用的加热设备之一，主要用于油气集输过程中，将加热介质（原油和天然气）加热到工艺要求的温度，以便进行输送、脱水、沉降、分离和初加工。水套式加热炉的优点是在加热时走油盘管浸没在水套中，通过间接加热的方式可以防止原油结焦，避免走油盘管被烧弯、烧裂等损坏盘管的不良现象发生。

一、基础知识

1. 结构

水套式加热炉主要由水套、火筒、烟管、火嘴、沸腾管和油盘管、烟囱及安全附件（压力表、水位计、安全阀）等组成，如图 3-14 和图 3-15 所示。

图 3-14　水套式加热炉

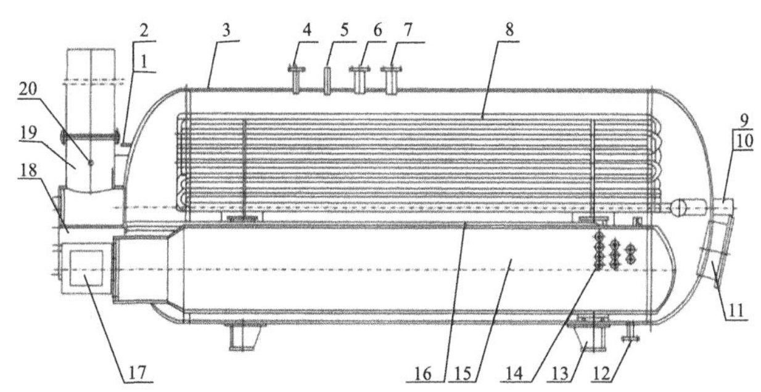

图 3-15　水套式加热炉结构示意图

1—温度变送器安装口；2—液位开关安装口；3—壳体；4—加液口；5—压力表安装口；6—放空口；7—安全阀安装口；8—加热盘管；9—被加热介质进口；10—被加热介质出口；11—人孔；12—排污口；13—鞍座；14—烟管；15—火筒；16—烟管；17—燃烧器；18—烟箱；19—烟囱；20—烟囱温度计安装口

2. 工作原理

水套式加热炉运行时，是由供燃料气的管线供给燃料气，从火嘴处吸入空气混合后冲入火筒内燃烧，燃料在火筒中燃烧后，产生的热能以辐射、对流等传热形式将热量传给水套中的水，使水的温度升高，并部分汽化，水及其蒸汽再将热量传递给油盘管中的原油，使油获得热量，温度升高。水套式加热炉工作流程如图 3-16 所示。

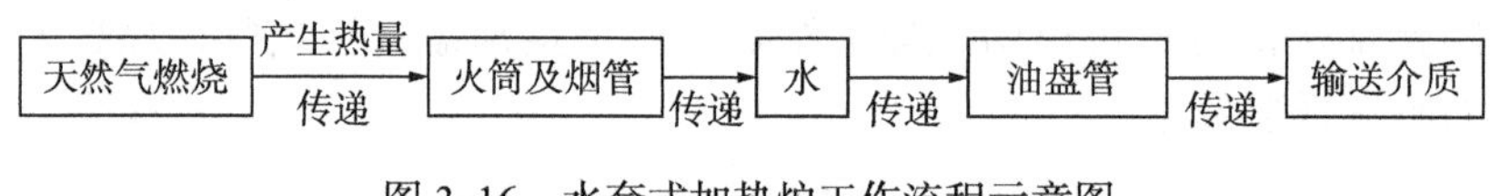

图 3-16　水套式加热炉工作流程示意图

3. 产品型号

水套式加热炉的型号比较简单，以每小时能提供的热量为主要标志，如 40×10^4kcal 水套炉，就是锅炉每小时能提供 40×10^4kcal 的热量（1kcal=4186.8J）。

4. 日常维护及注意事项

1）日常维护

（1）对加热炉内水介质进行处理，以保证水硬度小于 0.6mg/L。pH 值保持在 8.5 ～ 1.0 之间（钠离子交换法）或 8.5 ～ 12 之间（加药处理）。

（2）定期对加热炉进行排污，排污量可依据水质自行决定。

（3）定期检测盘管腐蚀情况，特别是弯头部位厚度，不得小于设计最小厚度。

（4）对炉体进行除垢，清理烟室积垢。

（5）加热炉人孔和防爆门等处的垫片密封如有损坏，应及时更换。

（6）运行中加热炉水的进出口温度不得大于规定温度，水位保持在规定范围内。

（7）经常观察炉膛燃烧情况，保证燃烧正常。

（8）加热炉长期停用，必须将炉内的火和盘管内的液体排尽，并打开液位计下部阀门，将水放净，关闭各阀门，使炉体保持密封。

2）注意事项

（1）检修后的加热炉，必须经过严密性和强度试压（试验压力为工作压力的 1.5 ～ 2 倍），稳压 24h，检查各部有无渗漏现象，合格后方可使用。

（2）使用前检查炉顶、炉膛、炉管和烟道是否达到投产要求，并清除炉膛和烟道内施工或检修遗留下来的杂物，检查合格后方能使用。

（3）使用前必须检查风门、防爆门、观火孔、火嘴是否合格，风门挡板是否灵活好用，并根据燃烧量调节好风门开度。

（4）使用前必须检查水位计是否密封，接头是否好用，并调整水位至2/3的位置，如果出现烧干锅现象，必须停炉，待自然冷却后方能进行加水操作。

（5）使用前必须检查安全阀、上水阀是否灵活好用，上水管线是否畅通。

（6）冬季长期停炉，应将炉内存水放净，以免冻坏炉体。

（7）炉膛升温不得太快，避免各部受热不均匀。

（8）点炉前必须进行通风，根据燃烧设备与炉膛内空间大小而定。

二、常见故障分析与处理方法

水套式加热炉故障原因分析及处理方法见表3-3。

表3-3　水套式加热炉故障原因分析及处理方法表

序号	故障现象	故障原因分析	处理方法
1	火管烧损	（1）介质中的杂质影响； （2）结垢结焦的影响； （3）燃烧器安装不合格造成火焰偏烧	（1）进入加热炉前的水必须经过软化； （2）按照要求对加热炉进行保养，定期对结垢结焦部位进行处理； （3）重新安装燃烧器
2	炉体腐蚀	（1）分离出的天然气中的硫和磷等，与水形成酸性物质对金属造成腐蚀； （2）加热炉、管道酸洗后残留酸液对加热炉内壁产生腐蚀； （3）由于排烟温度低，烟囱产生的冷凝水无法及时从烟箱排出； （4）冷凝水与天然气燃烧产物中的氮氧化物、硫化物等共同作用形成外腐蚀	（1）在工艺中增加水进入加热炉前的软化、沉积、分离及阻垢处理； （2）尽可能设计能够排出烟箱冷凝液体的结构，减少烟箱内部的腐蚀； （3）提高燃烧温度； （4）做好炉体外表面防腐
3	加热炉热效率降低	（1）盘管的外表面有积垢，增加了热阻； （2）燃料不达标，含硫量增高； （3）鼓风或引风不足； （4）设备阻力或烟道、风道阻力偏大； （5）炉墙、烟道、风道有漏风现象； （6）受热面表面生成陈垢； （7）炉负荷变化导致的燃烧质量波动大	（1）清除盘管外表面的积垢； （2）及时调节风量和燃料量； （3）加大鼓风机或引风机功率； （4）定期对烟道、风道进行清理，减小阻力； （5）对炉墙、烟道、风道的漏风现象进行处理； （6）对加热炉受热表面的陈垢进行清理； （7）在运行过程中严格按照标准操作规程进行操作，保证加热炉平稳运行

续表

序号	故障现象	故障原因分析	处理方法
4	加热炉进出口压差过大	（1）进出口阀门没有打开到位或者出现故障； （2）盘管积垢或内部弯头堵塞	（1）检查处理阀门控制问题或更换阀门； （2）清洗盘管积垢，对内部弯头堵塞物进行清理
5	液位计显示失灵	（1）加热炉内水太脏； （2）液位计内部太脏； （3）液位计磁浮子失磁或进水	（1）停炉，更换加热炉用水； （2）拆开液位计，用水冲洗干净； （3）更换液位计磁浮子
6	烟囱冒黑烟	（1）燃料供给量过大，风门开度太小； （2）喷嘴或火嘴结焦； （3）配风器烧损或燃烧器损坏； （4）燃料气含油； （5）烟道不畅	（1）调整燃料供给，缓慢调大风门至火焰呈淡蓝色； （2）对火嘴进行拆洗或更换； （3）更换配风器或更换燃烧器； （4）对燃料气中的油进行清除； （5）检查烟道及烟囱，清理积灰
7	火焰不均匀	（1）供给阀开度达不到要求； （2）火嘴有堵塞； （3）火嘴偏斜、烧损、变形	（1）调节供给阀开度，达到燃烧要求； （2）对火嘴进行清理，清除堵塞物； （3）对正，更换火嘴

案例分析

【案例 1】常压水套炉溢流口有原油溢出

1. 问题描述

某站员工巡检时发现常压水套炉水位上升至满液位状态，溢流口有原油溢出，水位计上部有大量的原油，如图 3-17 所示。

图 3-17　液位计内有原油

2. 原因分析

导致溢流口溢出原油的原因可能是常压水套炉内原油加热盘管破裂，原油进入常压水套炉内。图 3-18 所示为更换后穿孔管段。

图 3-18　循环管线发生穿孔

3. 处理措施

（1）停运常压水套炉，停热水循环泵，待自然冷却后对炉体内部的原油及已经进入溢流管及大气通风管内的原油进行清理。

（2）打开常压水套炉油盘管旁通，关闭进出口阀门。
（3）取出盘管，对发生泄漏的部位进行焊接或更换。

4. 预防措施

（1）检修时对盘管进行压力试验。
（2）加强巡回检查，发现问题及时处理。

【案例 2】常压水套炉顶部向外漏油

1. 问题描述

某站员工听到加热炉区有异常声响，跑到炉区发现常压水套炉顶部向外刺油，随后汇报给站长。站长立即启动应急处置程序，指挥当日人员从源头切断气源，切换进油流程。

2. 原因分析

可能是常压水套炉炉顶油盘管破裂、法兰垫片刺漏等原因致使原油向外刺漏。

经验证发现为常压水套炉盘管结垢严重，致使压力升高。运行过程中加热盘管进口连接法兰垫子破损，原油从破损处向外刺漏。

3. 处理措施

（1）从源头切断气源，关闭站内所有火源。
（2）打开常压水套炉盘管旁通，关闭盘管进出口阀门。
（3）更换常压水套炉盘管。

4. 预防措施

（1）管线结垢严重为普遍现象，对于压力上升快的集输站点、管网，应积极进行除垢，如投加阻垢剂，进行清垢处理或更新维护，确保系统平稳运行。

（2）将采油工艺过程划分为不同的分析节点，识别出潜在的危险，分析原因和可能产生的后果，制定有效的削减措施。

（3）加强设备设施的维护保养。利用常压水套炉夏季检修期，对常压水套炉及其附件进行保养、检修。

【案例 3】水套式加热炉火焰偏斜燃烧

1. 问题描述

某站燃烧器故障报修后恢复运行，点燃炉火后发现火焰燃烧时出现偏斜现象，未达到均匀加热的效果。

2. 原因分析

燃烧器火焰出现偏斜原因有以下几点：

（1）维修后的燃烧器供给阀未有效打开，供气量偏低。

（2）维修过程中造成燃烧器火嘴有杂物堵塞，天然气通过时产生偏心。

（3）维修后重新安装的燃烧器未校正出现偏斜。

通过对这些原因逐一进行排除，发现是由于燃烧器火嘴被杂质堵塞造成的。

3. 处理措施

（1）切断气源停炉，切断燃烧器控制柜电源。

（2）卸下燃烧器火嘴，清理火嘴堵塞物。

（3）安装燃烧器，并校正火嘴。

（4）点炉，试运行。

4. 预防措施

（1）定期清理燃烧器过滤缸内杂质，避免杂质进入火嘴造成堵塞。

（2）维修燃烧器时现场铺干净的防污染布。

（3）安装燃烧器前检查确认供给阀开度合适。

（4）安装燃烧器时检查校正火嘴，避免出现火焰偏斜。

【案例 4】加热炉电磁阀打开时介质不能通过

1. 问题描述

某站员工巡检时发现正在运行的加热炉炉火突然熄灭，立即对熄灭加热炉进行重新点燃炉火，切断气源，打开鼓风机进行吹扫后进行复位运行，还是点不着火，随即上报站长进行排除。

2. 原因分析

在吹扫过程中检查到供气压力正常，为 3 ～ 4kPa；熔断丝、程控器接线、燃气阀组开启、供电电压均正常。电磁阀滤网堵塞导致无法正常供气。

3. 处理措施

（1）停炉，切断电源，关闭供气阀。

（2）打开滤网盖板进行清洁，解决了上述问题。具体步骤如图 3-19 至图 3-22 所示。

图 3-19　打开滤网盖板

图 3-20　取出滤网

图 3-21　清洗滤网

图 3-22　重新安装检查密封

4. 预防措施

（1）加强巡回检查。

（2）定期对电磁阀滤网进行清洗。

（3）加强设备设施的维护保养。

【案例 5】常压水套炉炉体发生刺漏

1. 问题描述

某站当班员工发现正在运行的常压水套炉水泥基础上出现白色粉末状物质，如图 3-23 所示。并且常压水套炉基础周围有积水，炉内水位低于下限警戒线，立即上报站长，站长下达停炉检修命令，当班员工按停炉的操作规程停炉。

图 3-23　常压水套炉基础上有大量的粉末状腐蚀物

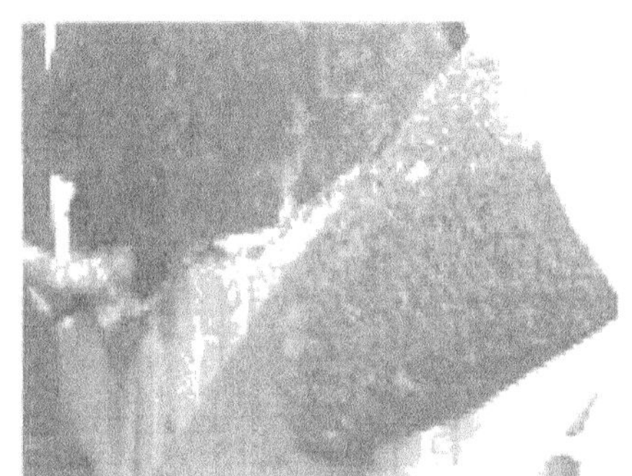

图 3-24　炉体渗水，保温层内大面积腐蚀

2. 原因分析

拆下保护层后，发现常压水套炉炉体漏水，且有大量的腐蚀孔，确定导致上述现象的原因是加热炉炉体腐蚀穿孔，如图 3-24 和图 3-25 所示。

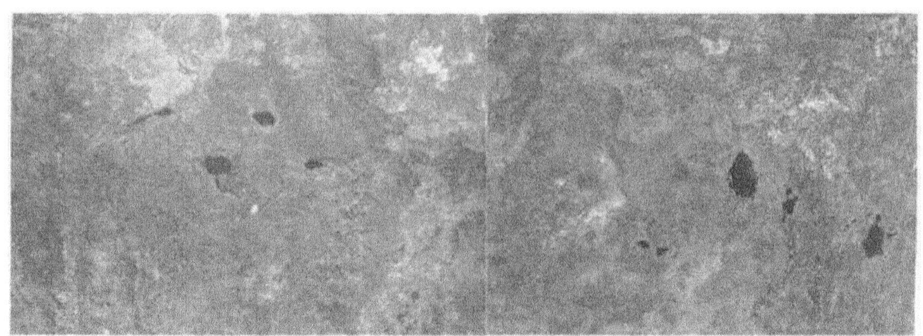

图 3-25　常压水套炉炉体上有大量的腐蚀孔

3. 处理措施

（1）停炉，关闭供气阀。

（2）拆除加热炉保温层，对加热炉体进行检查。

（3）打开放空阀放尽炉内水。

（4）根据实际情况对加热炉进行维修或更换。

4. 预防措施

（1）对炉体做好防腐。

（2）加强设备设施的维护保养。

（3）发现问题及时处理，防止设备进一步腐蚀。

【案例6】加热炉烟道管腐蚀有渗漏现象

1. 问题描述

某站员工在巡回检查时发现正常运行的常压水套炉燃烧过程中出现“吱吱”烧开水的声响，常压水套炉排烟管温度迅速上升，烟囱冒大量蒸汽，炉内水位下降较快，随即上报站长，经初步判断是泄漏造成的。

2. 原因分析

经过对常压水套炉的各部件检查，发现加热炉对流管在高温燃烧条件下，炉管表面发生强氧化和酸性物质露点腐蚀造成腐蚀穿孔，并在顶部炉管中接近炉墙的部位形成腐蚀坑和点腐蚀，如图3-26至图3-29所示。

图3-26　对流管顶部炉管

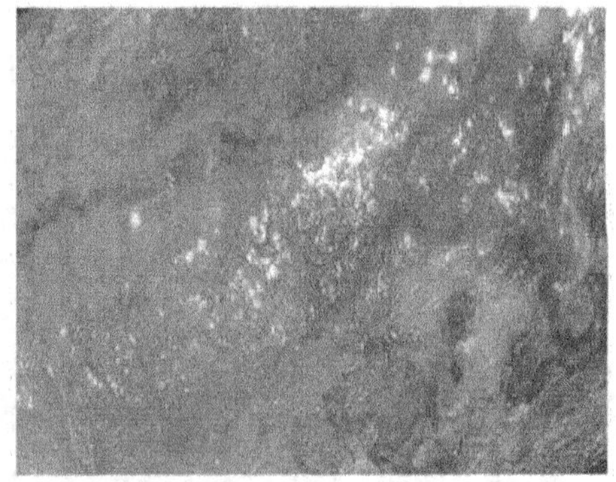

图3-27　对流管连接口

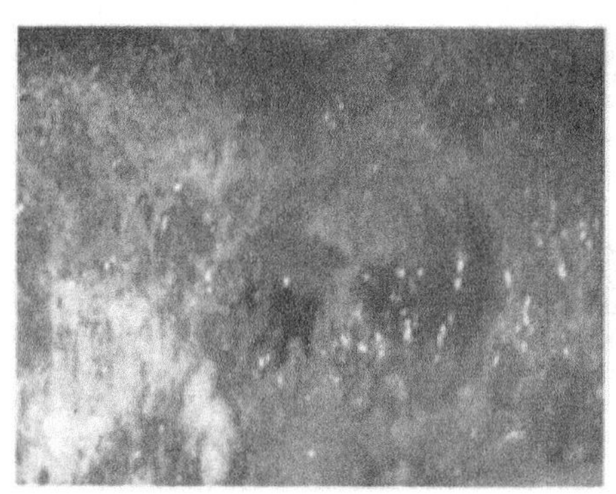

图 3-28　对流管外壁

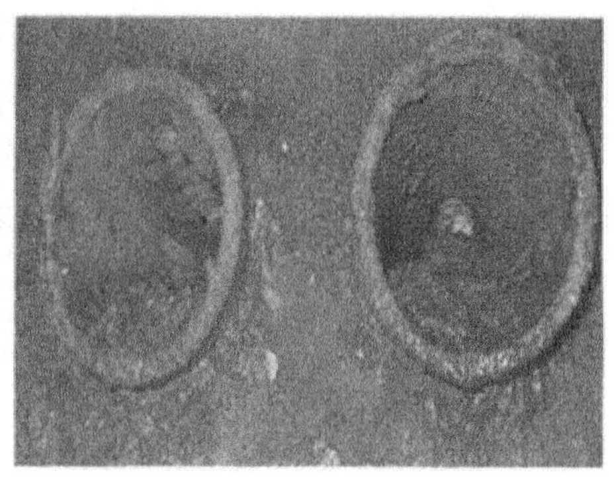

图 3-29　对流管内壁

3. 处理措施

（1）停炉，关闭供气阀，待加热炉自然冷却后对加热炉进行检查。

（2）拆除加热炉烟道管，更换。

4. 预防措施

（1）使用合格的燃料，抑制酸性物质生成，以减缓烟道管腐蚀。

（2）严格控制燃烧器气风比例，降低空气过剩量。

（3）发现问题及时处理。

【案例 7】常压水套炉燃烧器电动机运转正常，供气正常却没有火焰

1. 问题描述

某站员工巡回检查时发现正常运行的常压水套炉熄火，立即关闭总气源，检查通风后再次点炉。在电源接通后，燃烧器的伺服电动机转动，扫风程序过后，有燃气喷出，但没有火焰，随后燃烧器停机，程控器故障指示灯亮，随即上报站长。随后对程控器、点火变压器的供电系统、点火变压器、点火变压器至点火电极的线路连接、点火电极的绝缘磁棒、点火电极的位置进行了检查，最后确定主要的原因是点火电极与火焰盘的距离太大导致的，如图 3-30 所示。

图 3-30　点火电极与火焰盘的距离太大

2. 原因分析

燃烧器点火系统进入工作状态时，点火变压器将 220V 电压升高为 12kV，输出电流 30mA，点火电极每秒产生 50 次打火放电现象，点火 5s，电极间产生强烈的火花，将喷嘴处可燃介质点燃，如果喷嘴端部与点火电极间距太大（超过 13mm），与火焰盘间距超过 15mm，火焰盘与点火电极间距超过 2mm，点火电极的放电间距超过 2 ～ 3mm 将导致点火无法进行。

3. 处理措施

（1）停炉，切断燃烧器供电电源，关闭供气阀，待加热炉自然冷却后对燃烧器进行维修。

（2）拆除点火电极，如图 3-31 所示。

（3）调整点火电极之间的距离，调整火焰盘与点火电极之间的距离，如图 3-32 所示。

图 3-31　拆除点火电极

图 3-32　调整点火电极与火焰盘之间的距离

4. 预防措施

（1）点火电极安装合格。

（2）平稳操作，减少因振动引起松动现象。

（3）定期保养点火电极。

【案例 8】加热炉温度控制器失灵

1. 问题描述

某站值班员工巡检时发现正在运行的加热炉火熄灭，随即停炉，然后检查气压、气管线。经检查气压正常，随后重新点炉，并将温度控制器旋钮顺时针拧至最大，仍无输出压力，电动机阀不动作，炉火未点燃，如图 3-33 所示。

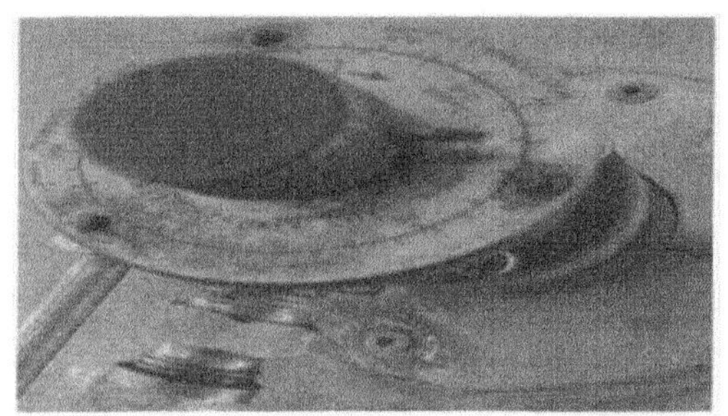

图 3-33 温度控制器失灵图

2. 原因分析

温度控制器旋钮失灵，导致密封面不能与小球密封，进而压缩球体连杆机构使大球离开阀座，致使气源输入压力无法输出，电动机阀无法打开，主火气源被截断，如图 3-34 所示。

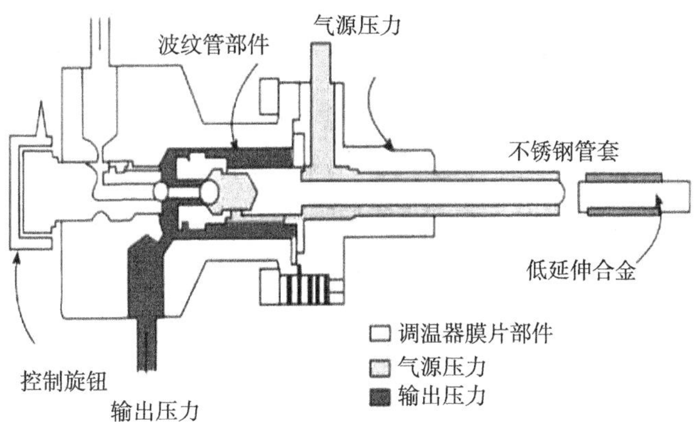

图 3-34 温度控制器故障说明图

3. 处理措施

更换温度控制器旋钮。

4. 预防措施

定期保养，防止各部件锈死。

【案例 9】加热炉不升温或升温缓慢

1. 问题描述

某计量站的当班员工发现外输油温达不到外输要求。经过现场反复检查发现，该站的气压、燃烧器、控制柜各项参数均正常，可是加热炉不升温，炉膛无吸力，炉火在燃烧器附近燃烧并伴有回火现象。调节风门进行气风比例调整后依然无效，初步判断为炉体结垢、炉膛内有积灰或烟道堵塞。

2. 原因分析

经停炉打开防爆门对烟道进行检查，发现烟管堵塞，炉膛内有积灰，如图 3-35 和图 3-36 所示。

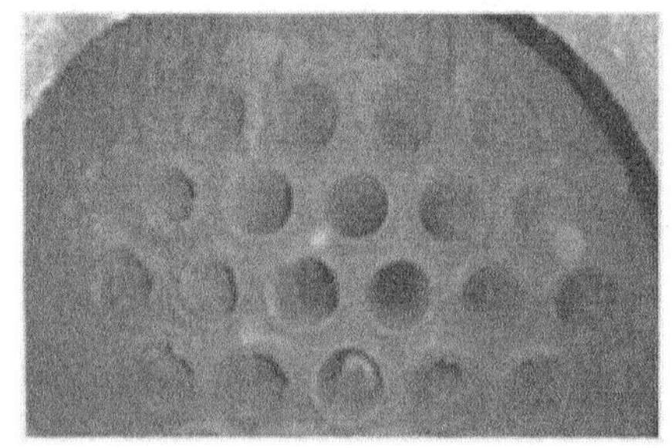

图 3-35 烟管堵塞

图 3-36 炉膛内部有积灰

3. 处理措施

（1）停运加热炉，关闭供气阀，关闭总控制阀。

（2）用烟道清理工具对烟道进行清理。

（3）清理完毕后点火，用大火对烟道进行烘烤，清理前后如图 3-37 所示。

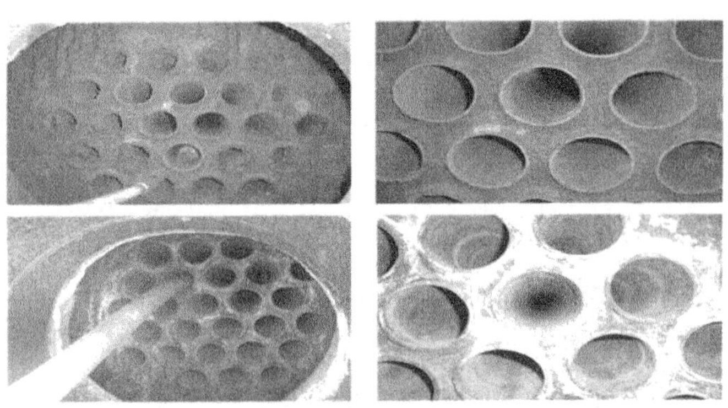

图 3-37　清理前后对比图

4. 预防措施

（1）正常运行时，调整好气风比例保证燃烧正常。

（2）定期对炉膛、烟道进行清理。

【案例 10】水套式加热炉走油盘管结垢

1. 问题描述

某采油站员工巡检时发现水套式加热炉进口、出口压力差值大于 0.5MPa，出口温度低于正常生产运行温度，加大炉火后升温效果差，易出现安全阀启动泄压。

2. 原因分析

检修发现水套式加热炉炉管内壁和出口阀严重结垢，炉管内壁结垢层厚 0.6 ～ 0.8cm。垢样表层呈灰褐色，中间层为致密排列的白色晶体，质地较硬，管壁处呈黑色。据此初步判断炉管内发生了严重结垢，进而造成水套式加热炉进口、出口压力差值过大，如图 3-38 所示。

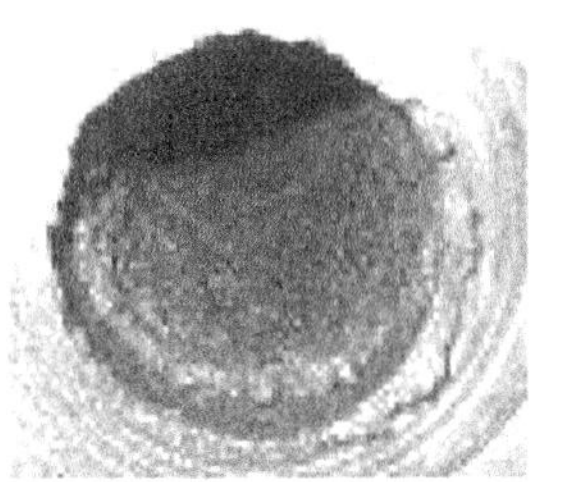
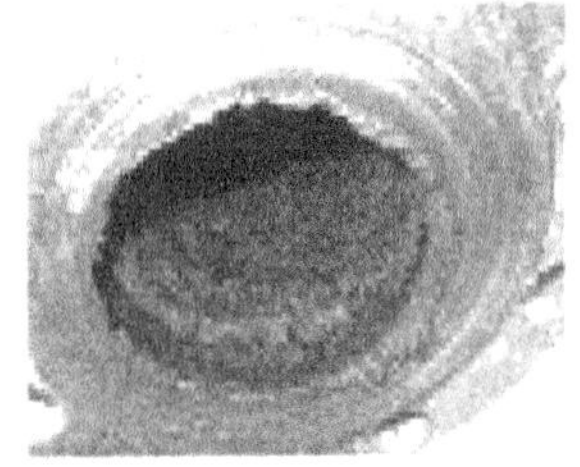

图 3-38　炉管结垢

3. 处理措施

（1）停运水套式加热炉。

（2）打开旁通，关闭油盘管进出口阀门，待自然冷却后对油盘管进行清垢作业。

4. 预防措施

（1）根据产液量按比例加入阻垢剂。

（2）合理控制油温。

【案例 11】水套式加热炉频繁发生汽化，安全阀外排蒸汽

1. 问题描述

某站 25 万大卡水套式加热外输炉为油井产出液进行加热，外输液温度要求出口温度保持在 40 ～ 45℃之间，员工在巡检时发现出口温度低于 40℃后调大炉火，半小时后水套式加热炉安全阀启动外排水蒸气，员工调小炉火后检查出口温度仅达到 40℃的最低要求，调小炉火后温度也随之下降。

2. 原因分析

水套式加热炉安全阀启动外排水蒸气时出口温度达不到要求原因有以下几种：

（1）水套式加热炉热效率达不到外输量需求。

（2）水套式加热炉换热盘管内结垢，换热效果变差。

（3）水套式加热炉壳体内液位低，调大炉火后蒸汽产生量加大壳体内压力升高速度快。

（4）水套式加热炉壳体入液位高，蒸汽存储空间小，壳体内升压速度快。

3. 处理措施

（1）核算油井产出液量，匹配热效值符合换热需求加热炉。

（2）检查换热盘管进出口压力差值，压差超过 0.5MPa 及时清理盘管内结垢。

（3）检查水套式加热炉壳体液位计内液位在 1/3 ～ 2/3 之间，水位过低进行补水，水位过高排放多余水量。

4. 预防措施

（1）定期检查进出口压力差。

（2）定期检查水套式加热炉液位计内液位，保持液位在 1/3 ～ 2/3 之间，发现缺水及时补充。

【案例 12】水套式加热炉燃烧天然气湿度大，烟囱排放蒸汽量大，烟管接头处滴水

1. 问题描述

某站水套式加热炉燃烧的天然气是本站油井套管生产的天然气连接到供气系统后供水套式加热炉燃烧，烟囱排放蒸汽量大，在烟管接头处经常有凝结水沿法兰处渗出，冬季在地面结冰。

2. 原因分析

供水套式加热炉燃烧的天然气分离效果差，进入系统后湿度较大，燃烧产生水蒸气量大，由于烟囱排风板开度调节较小，水蒸气不能畅通外排，水蒸气沿烟囱上升过程中部分水蒸气凝结成水滴沿烟囱内壁流下汇集，在烟管连接法兰缝隙渗出。

3. 处理措施

（1）套管产出天然气在进入供气系统前采用多级分离器进行分离。

（2）烟囱调风板开至最大，降低水蒸气在烟囱内的存留时间。

（3）在燃烧器前加集液器，及时排放集液器内存留液体。

（4）烟管下方加排液放空阀，对凝结水进行回收，避免落到地面。

4. 预防措施

（1）及时排放天然气分离器内存留的水。

（2）及时排放集液器内存留的水。

【案例 13】水套式加热炉烟囱冒黑烟，站内可闻到刺激性气味

1. 问题描述

某站水套式加热炉因火嘴故障维修后恢复运行，发现烟囱向外排放黑烟，在站内院子下风口可闻到刺激性气味，炉温上升缓慢。

2. 原因分析

水套式加热炉烟囱冒黑烟原因有以下几点：

（1）天然气供给理与配风量比例过大，天然气燃烧不充分。

（2）喷嘴或火嘴长时间燃烧产生结焦物。

（3）燃烧器配风控制器故障，无法实现合理配风量。

（4）供给的天然气内含轻质油。

（5）烟道内积灰导致不畅通。

3. 处理措施

（1）调节挡风板。

（2）清理火嘴处产生的结焦物。

（3）维修配风控制器，调节合理配风量。

（4）放净分离器内存留物，供气管线有效排空。

（5）打开烟道清理积灰。

4. 预防措施

（1）燃烧器保养，确保正常运行。

（2）定期排空分离器及供气管线。

（3）控制合理供气量。

（4）定期检查烟道，发现积灰及时清理。

【案例 14】水套式加热炉安全阀法兰蒸汽泄漏

1. 问题描述

某站水套式加热炉燃烧安装 2in 法兰式安全阀，校验压力为 0.3MPa，炉体压力上升到 0.1MPa 时在安全阀法兰处有水蒸气泄漏。

2. 原因分析

在安全阀法兰处有蒸汽泄漏原因有两个：

（1）安全阀法兰螺栓未对角上紧。

（2）法兰密封垫有破损，密封失效。

3. 处理措施

关闭水套式加热炉燃烧器，待压力下降归零后打开上部放空阀门泄净壳体内余压，检查更换安全阀法兰密封垫，对角上紧固定螺栓，关闭放空阀重新点燃燃烧器。

4. 预防措施

（1）更换安装新安全阀时认真检查密封垫。

（2）检查安全阀法兰密封面无损伤。

（3）对角上紧固定螺栓，并实施二次紧固。

练习题及答案

第一节

1. 单选题（每题有4个选项，只有1个是正确的，将正确的选项填入括号内）

（1）常压水套炉顶部与大气相连通，不承受供热系统的水柱静压力，在任何工况下，常压水套炉压力都为（　）。

A.0MPa　　B.0.1MPa　　C.0.2MPa　　D.0.4MPa

（2）（　）整体的结构包括常压水套炉主体和辅助设备两大部分。

A. 常压水套炉　　B. 低压水套炉　C. 中压水套炉　D. 高压水套炉

（3）常压水套炉基本工作原理：燃烧器将燃气充分混合燃烧，通过（　），将热量传递给炉体内的中间介质——水。

A. 辐射　　B. 对流　　C. 辐射和对流　D. 传导、辐射和对流

（4）常压水套炉型号由（　）组成，各部分之间用短横线相连。

A. 二部分　　B. 三部分　　C. 四部分　　D. 五部分

（5）自动燃烧控制基本原理：燃烧器采用气动控制，气动控制由（　）气动控制阀来实现。

A. 一个　　B. 两个　　C. 三个　　D. 四个

2. 判断题（对的画“√”，错的画“×”）

（　）（1）常压水套炉是油田生产中对原油进行加温，防止原油在输油管道中结蜡、凝结，解决取暖问题的一种常用设备。

（　）（2）常压水套炉按燃料可以分为燃油、燃气两种。

（　）（3）常压水套炉辅助设备包括：水泥基础、烟囱、燃烧器、烟囱绷绳、挡板拉绳及安全附件等。

（　）（4）自动燃烧控制一个气动控制阀由温度变送器控制，安装于常压水套炉体上的温度变送器，将内部的温度信号与设定温度相比较，做出判断，控制燃烧器工作状态。

（　）（5）常压水套炉 CLSG0.18-90/70-AV Ⅱ /Q 的型号Ⅱ的意义是燃烧种类二类烟煤 / 气。

参考答案

1. 单选题

（1）A （2）A （3）C （4）B （5）B

2. 判断题

（1）√ （2）× （3）√ （4）√ （5）√

第二节

1. 单选题（每题有 4 个选项，只有 1 个是正确的，将正确的选项填入括号内）

（1）真空相变加热炉是一种在壳体内设置炉胆、烟室、烟管或火筒式加热装置，通过工作压力（压强）始终（ ）当地大气压的中间载热体对壳体内盘管中介质进行加热的专用设备。

A. 小于 B. 大于 C. 小于等于 D. 小于等于

（2）真空相变加热炉按其盘管放置形式可以为（ ）。

A. 一体式 B. 分体式

C. 一体式和分体式 D. 一体式、二体式和分体式

（3）一体式真空相变加热炉炉体主要由（ ）组成。

A. 下部冷水室和上部真空室 B. 下部热水室和上部热水室

C. 下部冷水室和上部热水室 D. 下部热水室和上部真空室

（4）分体式真空相变加热炉其工作原理是在燃烧器内燃气充分燃烧，通过（ ）将热量传递给锅壳内的中间介质——水。

A. 辐射 B. 传导 C. 辐射、传导 D. 对流、辐射和传导

（5）分体式真空相变加热炉工作原理是（ ）。

A. 燃烧燃料—受热沸腾—传热介质—水蒸气—遇冷凝结—盘管内被加热介质

B. 燃烧燃料—传热介质—受热沸腾—水蒸气—遇冷凝结—盘管内被加热介质

C. 燃烧燃料—传热介质—受热沸腾—遇冷凝结—水蒸气—盘管内被加热介质

D. 燃烧燃料—传热介质—受热沸腾—水蒸气—盘管内被加热介质—遇冷凝结

2. 判断题（对的画“√”，错的画“×”）

（　）（1）真空相变加热炉，具有安全可靠、热效率高、节能环保、寿命长、适用性广泛、自动化程度高及运行成本高等特点。

（　）（2）目前我国各油田都普遍使用真空相变加热炉。

（　）（3）一体式真空相变加热炉主要由炉体部分和其他配套设备组成。

（　）（4）分体式真空相变加热炉与一体式真空相变加热炉相同的是，将换热盘管改用换热器，从炉体中独立出来，

（　）（5）分体式真空相变加热炉水受热沸腾产生蒸汽，蒸汽与低温的换热盘管壁换热，冷凝成水，将热量传递给盘管换热器内流动的介质。

参考答案

1. 单选题

（1）A　（2）C　（3）D　（4）C　（5）B

2. 判断题

（1）×　（2）√　（3）√　（4）×　（5）√

第三节

1. 单选题（每题有4个选项，只有1个是正确的，将正确的选项填入括号内）

（1）（　）通过对水进行加热，并使热量传递给原油，利用间接的方法给油井产出的油气加温降黏。

A. 真空相变加热炉　　　　B. 冷凝式加热炉

C. 常压水套炉　　　　D. 水套式加热炉

（2）水套式加热炉主要由（　）及安全附件（压力表、水位计、安全阀）等组成。

A. 水套、火筒

B. 水套、火筒、烟管

C. 水套、火筒、烟管、火嘴、沸腾管和油盘管

D. 水套、火筒、烟管、火嘴、沸腾管和油盘管、烟囱

（3）水套式加热炉燃料在火筒中燃烧后，产生的热能以辐射、对流等传热形式将热量传给水套中的水，使水的温度升高，并（　），水及其蒸汽再将热量传递给油盘管中的原油，使油获得热量，温度升高。

A. 全部汽化　　B. 部分汽化　　C. 部分液化　　D. 全部液化

（4）水套式加热炉的型号比较简单，以每小时能提供的热量为主要标志，如 40×10^4kcal 水套炉，就是锅炉每小时能提供（　）的热量。

A.10×10^4kcal　　B.20×10^4kcal　　C.30×10^4kcal　　D.40×10^4kcal

（5）水套式加热炉的工作流程是（　）。

A. 天然气燃烧—火筒及烟管—水—油盘管—原油

B. 天然气燃烧—水—火筒及烟管—油盘管—原油

C. 天然气燃烧—火筒及烟管—油盘管—水—原油

D. 天然气燃烧—油盘管—火筒及烟管—水—原油

2. 判断题（对的画“√”，错的画“×”）

（　）（1）水套式加热炉也是油田常用的加热设备之一，在加热时采用油盘管浸没在水套中的间接加热方法，可以防止原油结焦，可以避免将油盘管烧弯、烧裂、烧爆皮等损坏盘管的不良现象发生。

（　）（2）水套式加热炉使用前必须检查水位计是否密封，接头是否好用，并调整水位至 3/4 的位置，如果出现烧干锅现象，必须停炉，待自然冷却后方能进行加水操作。

（　）（3）检修后的水套式加热炉，必须经过严密性和强度试压（试验压力为工作压力的 1.5 ～ 2 倍），稳压 12h，检查各部有无渗漏现象，合格后方可使用。

（　）（4）对水套式加热炉内水介质进行处理，以保证水硬度小于 0.6mg/L。pH 值保持在 8.5 ～ 1.0 之间（钠离子交换法）或 8.5 ～ 12 之间（加药处理）。

（　）（5）1kcal=4186.8J。

参考答案

1. 单选题

（1）D　（2）D　（3）B　（4）D　（5）A

2. 判断题

（1）√　（2）×　（3）×　（4）√　（5）√

第四章
计量设备故障判断与处理

计量设备是采油生产现场设施设备系统重要的构成部分，是实现计量准确性、一致性、溯源性、法制性的重要手段。计量设备的使用情况，反映着企业素质和管理现代化水平。本章主要介绍流量计和翻斗计量仪。

第一节　流量计

随着油田开发的不断深入，对油井计量准确度要求越来越高，流量计在生产计量中被更多地引入。本节就现场常用高压流量自控仪、涡轮式流量计、腰轮流量计、旋进旋涡气体流量计进行重点介绍。

一、高压流量自控仪

1. 基础知识

1）结构

高压流量自控仪是由智能测量机构和调节机构组成，用于检测封闭管道内流体流量并进行手动或自动调整流量大小（瞬时流量）的装置。特别适用于油田高压注水、掺水、掺油、注聚等工艺实施现场。高压流量自控仪结构如图 4-1 所示。

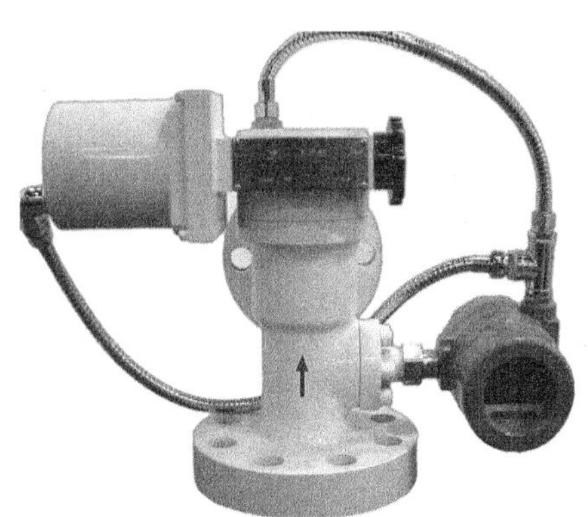

图 4-1　高压流量自控仪

2）特点

高压流量自控仪具有结构紧凑、操作简便、显示直观、控制精度高、耐腐蚀、耐高温、防结垢等特点。

3）工作原理

高压流量自控仪是流体通过控制器时，控制器内的传感器采集到流量信号，与预先设定的量值进行分析和比较。当流量计采集的信号偏离预先设定的量值时，控制器发出正确的调整指令给执行机构来调整通道口的开启度，从而实现瞬时流量达到预先设定的值。

4）日常维护及注意事项

应定期进行误差调整和检定工作，每次调校时，应认真检查密封胶圈，有损坏要及时更换，避免泄漏。自控仪的安全检测周期为 2 年，每 2 年要对壳体进行一次全面检查。若出现破损，必须采取补救措施。至多六个月检查保养一次自控仪。

2. 常见故障分析与处理方法

高压流量自控仪故障原因分析及处理方法见表 4-1。

表 4-1　高压流量自控仪故障原因分析及处理方法表

序号	故障现象	故障原因分析	处理方法
1	被测介质流动时无流量显示	（1）叶轮被异物卡住或损坏； （2）传感器故障； （3）电源接触不好； （4）显示板坏	（1）清除异物； （2）更换传感器或叶轮； （3）检查电源接触是否良好； （4）更换显示板
2	流量误差大	（1）叶轮、轴或轴承损坏； （2）控制器出现故障； （3）有杂物或结垢	（1）更换叶轮、轴或轴承； （2）更换控制板； （3）清除杂质或污垢
3	显示屏黑屏	（1）主控板电池无电量； （2）主控板损坏	（1）更换电池； （2）更换主控板

二、涡轮式流量计

图 4-2　涡轮式流量计

1. 基础知识

涡轮流量计具有精度高、重复性好、无零点漂移、高量程比等优点。涡轮流量计拥有高质量轴承、特别设计的导流片，因此极大降低了磨损，对峰值不敏感，甚者恶劣的条件下也可以给出可靠的测量变量。

1）结构

涡轮式流量计由涡轮和装于外部的检脉冲器构成，液体流进涡轮，引起转子旋转，特定的内径使转子转速直接与流量成比例。检脉冲器将探测到的转子叶片转动转化成与流量成比例的脉冲信号。涡轮流量计结构如图 4-2 所示。

2）工作原理

当被测介质流过涡轮式流量计时冲击叶轮旋转，在一定的流量范围内，叶轮转速与流量成正比，而当叶轮转动时，叶轮由导向磁的不锈钢制成的叶片，依次接近处于壳体上的传感器，周期性地改变传感器磁电回路的磁阻，使通过传感器的磁通量发生变化而产生与流量成比例的脉冲信号，此信号经过数据处理后分别显示出累积流量和瞬时流量值。

3）日常维护及注意事项

（1）拆装表头时，要保证表头的编号和壳体法兰上的钢印编号相一致。

（2）旋紧压盖螺帽时要注意信号线的处理，预防传感器的信号线发生断线、破皮现象。

（3）安装时选择好表头的方向后，一定要旋紧压盖螺帽。

（4）更换电池盖时，注意两组插头接线的颜色和电池极性。

2. 常见故障分析与处理方法

涡轮式流量计故障原因分析及处理方法见表 4-2。

表 4-2　涡轮式流量计故障原因分析及处理方法表

序号	故障现象	故障原因分析	处理方法
1	无流量显示	（1）磁钢组件故障； （2）管线内有杂质； （3）显示器坏； （4）电池电压不足； （5）信号线接地不良； （6）发生体部分有异物或结垢	（1）检查是否有磁钢； （2）卸下磁钢，大流量冲洗； （3）更换显示器； （4）更换电池； （5）拧紧压盖螺帽； （6）拆下冲洗
2	显示数字乱，显示屏暗	（1）线路接触不好； （2）电池电压不足	（1）断电后重新送电； （2）更换电池
3	瞬时量不稳，测量误差大	（1）管线内有磁性杂质吸附； （2）发生体部分结垢	（1）退出磁钢，冲洗管线； （2）拆下清洗

三、腰轮流量计

腰轮流量计利用机械测量元件把流体连续不断地分割成单个已知的体积部分，根据测量室逐次重复地充满和排放该体积部分流体的次数来计量流体体积总量。它具有精度高、可靠性好、重量轻、寿命长、安装使用方便等特点，适用于测量高黏度流体。

1. 基础知识

腰轮流量计主要用于各种行业工业管道中大口径气体、液体、蒸汽介质流体的流量测量，腰轮流量计的特点是压力损失小，量程范围大，精度高，在测量工况体积流量时几乎不受流体密度、压力、温度、黏度等参数的影响，无可动机械零件，因此可靠性高，维护量小。

1）结构

腰轮流量计由罗茨流量传感器和附件组成，如图 4-3 所示。

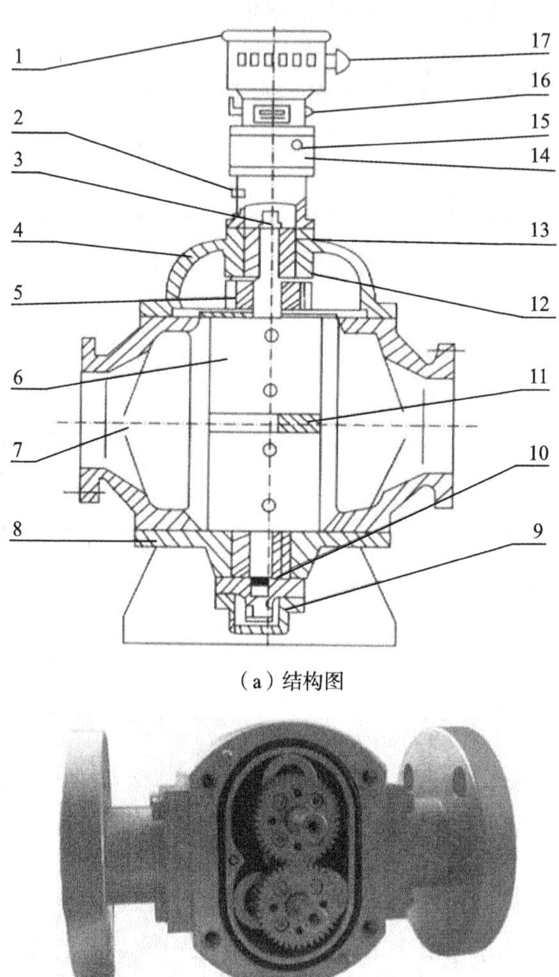

（a）结构图

（b）外形图

图 4-3　腰轮流量计

1—计数器；2—排气旋塞；3—联轴座；4—上盖；5—出轴密封；6—腰轮；7—壳体；8—下盖；9—止推轴承座；10—止推轴承；11—中间隔板；12—腰轮轴；13—径向轴承；14—出轴密封；15—油环；16—修正器；17—手轮

2）工作原理

当被测液体流经腰轮流量计计量室时，流体的动压力使进出口间形成一个压差从而推动腰轮旋转，如图 4-4 所示。两根腰轮轴上固定一对驱动齿轮，使两个腰轮交替驱动旋转，随着腰轮的转动，液体经计量室被不断排出流量计。腰轮每转一圈排出液体的体积是恒定的，排出量与腰轮转数成正比。通过腰轮轴连接的密封轴、调整机构，将旋转的次数减速后传递到显示器，即可换算成流量。

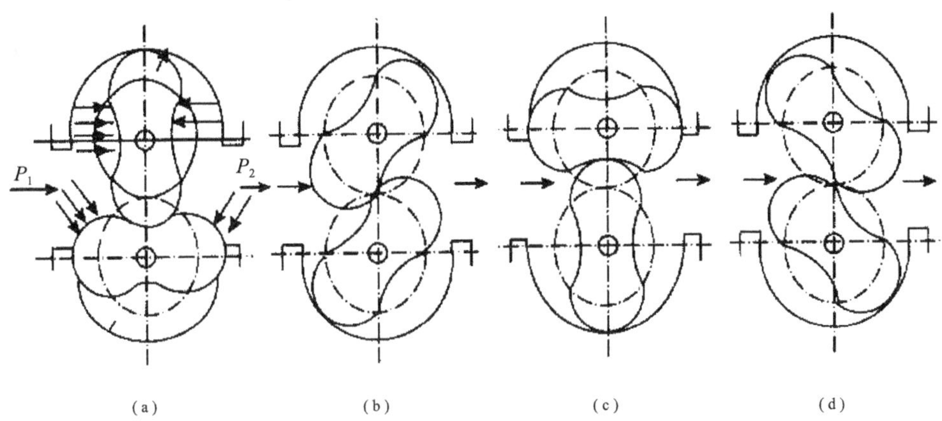

图 4-4　腰轮流量计工作结构图

3）日常维护及注意事项

（1）日常维护。

①定期对减速器、调整机构部分加注润滑油。

②压力损失大于 0.05MPa 时，必须清洗过滤器。

③如果振动与噪声加剧，应当停机检查原因。

④腰轮流量计使用一段时间后，要进行清洗、标定。

（2）注意事项。

①在腰轮流量计铭牌规定的流量和压力范围内使用。

②腰轮流量计按照介质流向安装。

③当被测液体含有气体时，腰轮流量计前应安装气体分离器。

④腰轮流量计表度盘必须与地面垂直。

⑤腰轮流量计安装前，管道需冲洗，冲洗时采用直管段防止焊渣、杂物等进入腰轮流量计。

⑥腰轮流量计正常工作在最大流量的 70% ～ 80% 为优。

2. 常见故障分析与处理方法

腰轮流量计故障原因分析及处理方法见表 4-3。

表 4-3　腰轮流量计故障原因分析及处理方法表

序号	故障现象	故障原因分析	处理方法
1	腰轮不转	（1）管道有杂质； （2）被测液体含杂物多； （3）过滤器有损坏，杂物进入表内，腰轮卡死	（1）清理管道； （2）拆洗仪表与管道； （3）修理过滤器，修复腰轮表面
2	轴向密封联轴器漏油	密封填料磨损或缺乏密封油	拧紧压盖或更换填料，加密封油
3	指针转动不稳定或时走时停	指针、螺钉、腰轮等有松动或转动不灵活	更换轴承，修理变齿处的计量箱壁和齿轮，保证所需间隙
4	误差过大，但最小误差与最大误差之差不超过 1%	使用期超过或检修后间隙等发生变化	重新校验调整
5	发信器无信号	（1）发信块位置不对； （2）极性接反	（1）重新调整位置，左右、前后移动； （2）重新更改，“+”接红线，“—”接黑线
6	密封部位有渗漏现象	O 形密封圈老化失效	更换 O 形密封圈，加涂密封油

四、旋进旋涡气体流量计

1. 基础知识

旋进旋涡气体流量计集旋进旋涡流量传感器、体积修正仪于一体，可同时检测显示气体的温度、压力、工况和标况流量及总量。该产品采用了差动式双压电传感器、数字压力和温度传感器等技术，技术性能处于国内领先水平。该产品具有准确度高、稳定性好、抗干扰能力强、无旋转可动部件、维护简单方便等特点，是石油、化工、电力、冶金等工业用气计量与检测的理想仪表。

1）结构

旋进旋涡气体流量计结构如图 4-5 所示。

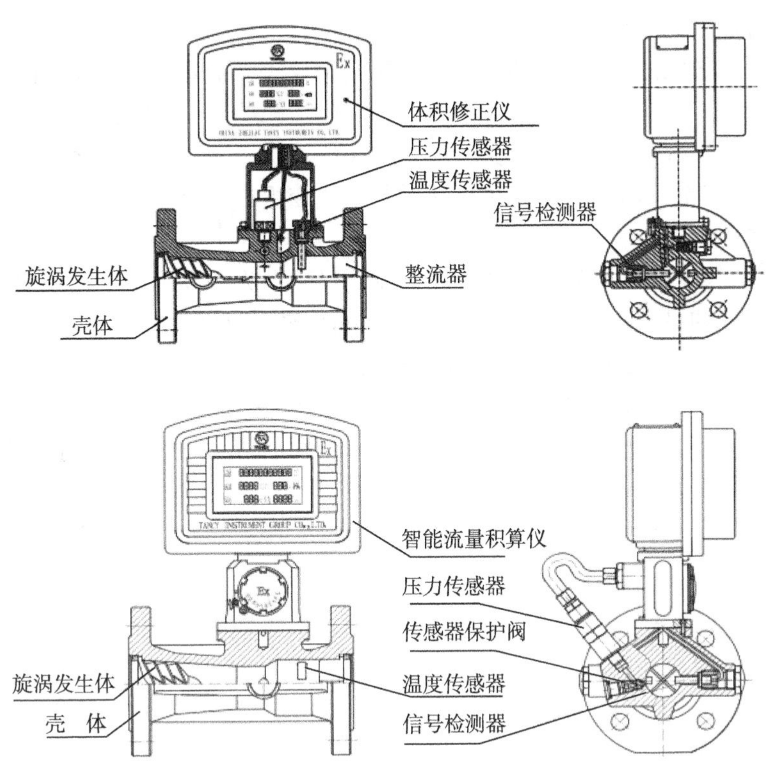

图 4-5 旋进旋涡气体流量计

2）工作原理

当沿着轴向流动的流体进入流量传感器入口时，螺旋形叶片强迫流体进行旋转运动，于是在旋涡发生体中心产生旋涡流，旋涡流在文丘利管中旋进，到达收缩段突然节流使旋涡流加速，当旋涡流进扩散段后，因回流作用强迫进行二次旋转。此时旋涡流的旋转频率与介质流速成正比，并为线性。两个压电传感器检测的微弱电荷信号同时经前置放大器放大、滤波、整形后变成两路频率与流速成正比的脉冲信号，体积修正仪中的处理电路对两路的脉冲信号进行相位比较和判别，剔除干扰信号，而对正常的流量信号进行计数处理。

体积修正仪由温度和压力检测模拟通道、流量传感器通道以及微处理单元组成，并配有外输接口，输出各种信号。流量计中的微处理器按照气态方程进行温压补偿，并自动进行压缩因子修正。

3）日常维护及注意事项

（1）安装维护必须遵守“有爆炸性气体时勿开盖”的警告语，并在开盖前关掉外电源。

（2）为防止瞬间气体冲击而损坏管路和仪表，流量计投入运行时应先缓慢开启前阀门，然后缓慢开启后阀门在小流量下运行 1 ～ 2min，仪表运行正常后再全部打开后阀门。关闭阀门时应先缓慢关闭后阀门，切勿突然关闭。

（3）流量计运行时不允许打开后盖，或变更内部有关参数，否则将影响流量计的正常运行。

（4）若输出信号为 4 ～ 20mA 电流信号时，为提高精确度，用户使用时应根据实际的最大标准体积流量值设定 20mA 对应数值。

（5）不得随意松开流量计固定部分。

（6）压力传感器的保护阀应在试压前打开，试压后关闭。

（7）压缩因子的计算方式及相关组分值现场使用时应注意根据实际天然气组分参数值调整。

（8）流量计安装时上直管段、下直管段分别保证 5*D* 和 1*D* 的长度（*D* 为流量计直径）。

2. 常见故障分析与处理方法

旋进旋涡气体流量计故障原因分析及处理方法见表 4-4。

表 4-4　旋进旋涡气体流量计故障原因分析及处理方法表

序号	故障现象	故障原因分析	处理方法
1	流量计无输出信号	（1）管道无介质或流量低于下限值； （2）检查电源及输出线连接是否正确； （3）检查前置放大器电路是否损坏； （4）检查压电晶体是否损坏或垫圈是否有泄漏	（1）提高介质流量，使其满足流量要求； （2）正确接线； （3）更换前置放大器； （4）更换压电晶体
2	累积流量示值显示和实际流量不符合	（1）流量计仪表系数输入不正常； （2）用户正常流量低于或高于选用流量计正常流量范围； （3）流量计本身超差； （4）流体气穴现象	（1）重新标定，用功能按钮设定调整，使之正确； （2）调整管道流量使其正常； （3）重新标定； （4）降低流体的压力损失，避免产生气泡
3	流量计显示不稳定	（1）放大器灵敏度过高或过低，有漏脉冲现象； （2）压电传感器深度位置调整不正确； （3）安装流量计的现场有不稳定振动或是电气干扰； （4）接地不良； （5）安装位置不正确，流量计前有拐弯	（1）更换前置放大器； （2）重调压电传感器深度位置； （3）消除不稳定振动和干扰； （4）检查接地线路，使之正常； （5）换个安装位置

续表

序号	故障现象	故障原因分析	处理方法
4	测量的流量不准确	（1）流量计接地不良或者是强电地线和其他地线干扰； （2）放大器灵敏度过高或产生自激； （3）压电传感器与前置放大器接触不良或断路； （4）供电电源不稳，滤波不良及其他电器干扰； （5）流量计前后阀门没关严	（1）正确接好地线，排除干扰； （2）更换前置放大器； （3）检查线路，使之正常； （4）修理或更换供电电源，排除干扰； （5）关闭流量计前后阀门
5	切换显示出错	（1）检查接线是否正确； （2）检查切换按钮接触是否良好； （3）检查显示屏接线是否良好； （4）确认显示屏是否完好	（1）正确接线； （2）更换按钮； （3）正确接显示屏的线路； （4）更换显示屏

第二节　翻斗计量仪

翻斗量油是油田早期应用的较成熟技术，可实现油井的连续计量，近几年，各油田还应用了称重翻斗计量。

一、基础知识

油井翻斗计量仪能有效监控油井出油情况，简化流程，实现单管密闭连续输油计量，适用于回压高的低产、低压井原油计量工作。

1. 结构

翻斗计量仪如图 4-6 所示。

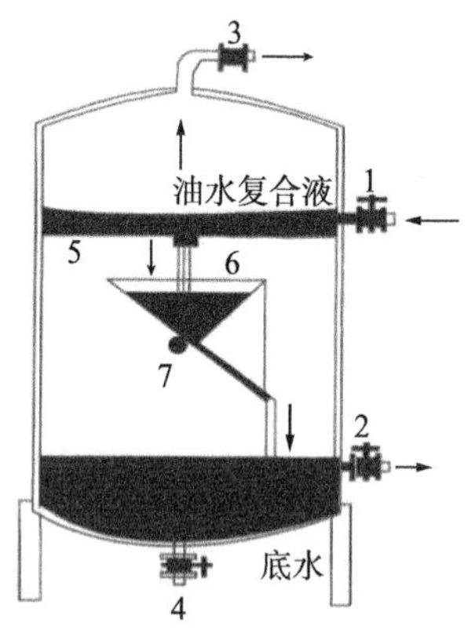

（a）内部结构

（b）外形

图 4-6　翻斗计量仪

1—进液口；2—出液口；3—排气口；4—排污口；5—中间隔板；6—翻斗；7—中心轴

2. 工作原理

翻斗计量仪的原理是应用两斗式翻斗分离器工作原理，工作时单井来油从进口进入容器上室，油量达到翻斗标定重量时，翻斗翻转卸油至下室；同时另一个翻斗再进油，油量达到翻斗标定重量时，翻斗翻转卸油，如此反复工作。通过电子计数器记录翻斗翻转次数，即可折算出单位时间内的单井产量。

3. 日常维护及注意事项

1）日常维护

（1）加强各连接部位的检查，确保无渗漏。

（2）注意安全附件检查，保证设备安全运行。

（3）定期对阀门进行维护保养，保持阀门开关灵活。

（4）保证计数器、信号线工作正常。

2）注意事项

（1）由于机械频率的限制，不要超量程使用。

（2）开启阀门时，人要站在阀门侧面，防止丝杠飞出伤人。

（3）计量结束后，分离器内液面高度应低于翻斗滑轨。

（4）开关阀门要平稳，倒流程时一定要先开后关，防止分离器憋压。

（5）计量时要根据油井产气量的大小调整分离器的平衡阀。

二、常见故障分析与处理方法

翻斗计量仪故障原因分析及处理方法见表 4-5。

表 4-5　翻斗计量仪故障原因分析及处理方法表

序号	故障现象	故障原因分析	处理方法
1	计量不准确	（1）翻斗在计量过程中漏失量过大； （2）油气产量高，产生气冲现象	（1）更换调节翻斗； （2）不适宜计量油气过大的井
2	两个斗不平衡	（1）翻斗轴线不对准翻斗； （2）分离器不垂直	（1）安装时调整翻斗轴线，使翻斗轴线对准翻斗； （2）调整分离器，使分离器垂直
3	仪器显示，但不计数	罐体上信号线连接处进水或冬季有湿气，磁感应头灵敏度降低，感应不到磁信号	取下磁感应头，擦干磁感应头和管中积水
4	翻斗不翻	翻斗移位，与罐体接触无法翻转	卸开固定翻斗的两个螺栓端重新固定
5	计数不准	（1）气体分离室有沉积物； （2）气体分离不好	（1）清理罐体； （2）翻斗需重新调校、标定
6	淹斗	（1）来油不含气或含气量很少； （2）出口单流阀不严； （3）油温较低	（1）导入含气量较大的油井，并进行排油，直到能正常运行为止； （2）汇管中的液体倒流回罐体中，将单流阀中的污物冲出或更换单流阀； （3）提高油温

案例分析

【案例 1】高压流量自控仪表头数字停止不走

1. 问题描述

某站员工记录高压注水井注入数据发现某一注水井高压流量自控仪表头数字停止运转，注水总干压正常，本井注水间压力有下降，进行手动调节表头数字仍处于停止状态。

2. 原因分析

从故障现象看，高压流量自控仪表头数字停止不走是调节机构内有杂质堵塞，注入水无法从高压流量自控仪内通过所致。

3. 处理措施

注水井停注放压后拆下高压流量自控仪调节机构，从流量仪入口处清理出一块焊接氧化物，装回高压流量自控仪调节机构后，表头数据恢复正常计数运行。

4. 预防措施

提高注入水水质，减少机械杂质对高压流量自控仪的影响。

【案例 2】电磁流量计不走流量

1. 问题描述

某站员工在巡查记录数据时发现伴热水计量电磁流量计未走流量。

2. 原因分析

（1）伴热水管线内携带杂质，杂质卡在电磁流量计感应触头处。
（2）电磁流量计积算仪出现死机故障。

3. 处理措施

（1）拆卸电磁流量计清洗感应触头，清理杂质。
（2）拔掉电磁流量计显示屏电源，再重新插上电源。

4. 预防措施

（1）提高伴热水水质，确保电磁流量计平稳运行。

（2）定期更换电磁流量计电池。

【案例 3】腰轮流量计计量不准

1. 问题描述

某站员工在抄写流量计计数时，发现腰轮流量计运行中计数相比以前越来越少。

2. 原因分析

对原油欠产原因进行多方位的查找，确认油井生产正常，欠产的原因主要是流量计卡堵、计量不准等造成的。

在输油正常的情况下，流量计误差逐渐增大，从工艺上看，可能有流量计选型、气体分离不好、油温低、旁路管阀泄漏等问题。从仪表本身看，可能有流量计安装在室外。计数器表面玻璃老化，雨水、风沙等进入计数器，造成计数齿轮卡死，流量计安装在温度过低、湿度过高、有腐蚀性气体、有强烈振动的部位，造成计量失准。

3. 处理措施

打开流量计数器，发现流量计在使用过程中，计数器齿轮由于没有及时进行润滑，导致计数器齿轮损坏，齿轮啮合不好，出现松旷现象，影响计数器累计值，通过更换显示板，确保流量计能够正常运转和计数。

4. 预防措施

（1）对于流量计的正常运行，除对工艺参数确保满足流量计要求外，还要加强流量计维护保养，确保其发挥最佳工作性能。

（2）流量计作为原油动态计量的测量设备，应按《流量计的使用规范》进行操作，应设专人管理，建立健全流量计基础资料，确保流量计计量可靠。

【案例 4】旋涡气体流量计充油后气体通道堵死

1. 问题描述

某站员工操作失误，缓冲罐位高于警戒线造成站内气管线充油，在清理气管线内的原油恢复生产运行后发现加热炉供气计量的旋涡。

2. 原因分析

在油井正常计量时，计量仪应显示记录的井号、计量时间、斗数和产量等数据。翻斗不翻转的原因可能是：

（1）淹斗：由于随油井产出液的伴生气气量低，不能将原油排出，油面逐渐上升并对翻斗产生浮力而不能翻转。

（2）托斗：油井液温低导致罐内原油形成凝固状态顶住翻斗而不能翻转。

（3）不出液。

（4）轴承损坏或砂卡造成的故障。

（5）轴承损坏故障。

针对这些故障要分别进行分析。

3. 处理措施

（1）立即关闭压力缸放空阀，使容器内气量积累到一定程度，翻斗可自动翻转。

（2）关小平衡阀或导入含气量大的井，降低分离器液面。

4. 预防措施

（1）加强日常检查维护，特别是冬季计量时要保证原油温度适当，含气量大的井开大平衡阀，以防安全阀动作。

（2）含气量小的井关小平衡阀，以防分离器内液面淹没翻斗。

（3）计量结束后，分离器内液面高度应低于翻斗滑轨。

【案例 5】翻斗量油淹斗

1. 问题描述

某计量站员工按单量计划对某井进行单量，检查分离器及管汇各阀门无漏油、气现象，阀门开关灵活后，开分离器排油阀，开分离器进口阀；调节分离器平衡阀；开单井计量阀；关单井生产阀，使单井来液进入分离器。输入计量参数开始计量，很长时间没有计量。

2. 原因分析

在油井正常计量时，计量仪应显示记录的井号、计量时间、斗数和产量等数据。翻斗不翻转的原因可能是：

（1）淹斗：由于随油井产出液的伴生气气量低，不能将原油排出，油面逐渐上升并对翻斗产生浮力而不能翻转。

（2）托斗：油井液温低导致罐内原油形成凝固状态顶住翻斗而不能翻转。

（3）不出液。

（4）轴承损坏或砂卡造成的故障。

（5）轴承损坏故障。

针对这些故障要分别进行分析。

3. 处理措施

（1）立即关闭压力缸放空阀，使容器内气量积累到一定程度，翻斗可自动翻转。

（2）关小平衡阀或导入含气量大的井，降低分离器液面。

4. 预防措施

（1）加强日常检查维护，特别是冬季计量时要保证原油温度适当，含气量大的井开大平衡阀，以防安全阀动作。

（2）含气量小的井关小平衡阀，以防分离器内液面淹没翻斗。

（3）计量结束后，分离器内液面高度应低于翻斗滑轨。

练习题及答案

第一节

1. 单选题（每题有4个选项，只有1个是正确的，将正确的选项填入括号内）

（1）高压流量自控仪把流量计、（ ）、控制器、智能无线通信接口有机地集于一体。具有结构紧凑、操作简便、显示直观、控制精度高、耐腐蚀、耐高温、防结垢、手动控制及自动控制流量等特点。

A. 调节阀　　B. 截止阀　　C. 闸板截　　D. 调速阀

（2）电磁流量计是基于（ ）而工作的流量测量仪表。

A. 磁电感应定律　　B. 电磁感应定律

C. 电子感应定律　　D. 电流感应定律

（3）旋进旋涡气体流量计集旋进旋涡流量传感器、体积修正仪于一体，可同时检测显示气体的（ ）、压力、工况和标况流量及总量。

A. 速度　　B. 温度　　C. 质量　　D. 体积

（4）高压流量自控仪的安全检测周期为（ ），每（ ）要对壳体进行一次全面检查。

A.1 年　　B.1.5　　C.2 年　　D.2.5

（5）旋进旋涡气体流量计具有准确度高、稳定性好、抗干扰能力强、（ ）、维护简单方便等特点。

A. 无旋转可动部件　　B. 有旋转可动部件

C. 无壳体防护部件　　D. 有壳体防护部件

2. 判断题（对的画“√”，错的画“×”）

（ ）（1）电磁流量计它能测量具有一定电导率的液体或液、固混合物的体积流量，常用于检测酸、碱、盐、含固体颗粒液体的流量，电磁流量计通常由传感器、转换器和显示仪表组成。

（ ）（2）根据弗莱明的右手法则，电动势的方向与液体流动方向及磁场方向均成直角。

（　）（3）基于法拉第电磁感应定律，即当导电液体流过电磁流量计时，导体中会产生感应电动势，其感应电动势与导电液体流速、磁感应强度、导体宽度（流量计内径）成反比。

（　）（4）变送器管内壁沉积垢层要定期清理，以防电极短路，甚至于无法测量流量。

（　）（5）旋进旋涡气体流量计集旋进旋涡流量传感器、体积修正仪于一体，可同时检测显示气体的温度、压力、工况和标况流量及总量。

参考答案

1. 单选题

（1）A　（2）B　（3）B　（4）C　（5）A

2. 判断题

（1）√　（2）　√（3）×　（4）√　（5）√

第二节

1. 单选题（每题有4个选项，只有1个是正确的，将正确的选项填入括号内）

（1）油井翻斗计量仪能有效监控油井出油情况，简化流程，实现单管密闭连续输油计量，适用于回压高的（　）井原油计量工作。

A. 低产、低压　B. 高产、低压　C. 低产、高压　D. 高产、高压

（2）翻斗量油是油田（　）应用的较成熟技术，可实现油井的连续计量，近几年，各油田还应用了称重翻斗计量。

A. 中期　B. 末期　C. 后期　D. 早期

（3）翻斗计量的原理是应用（　）翻斗分离器工作原理，工作时单井来油从进口进入容器上室，油量达到翻斗标定重量时，翻斗翻转卸油至下室。

A. 单斗式　B. 两斗式　C. 三斗式　D. 四斗式

（4）通过（　）计数器记录翻斗翻转次数，即可折算出单位时间内的单井产量。

A. 机械　B. 驱动　C. 电子　D. 辅助

（5）翻斗计量仪的内部结构是由进液口、出液口、排气口、排污口、（　）、翻斗、中心轴等组成。

A. 液位仪　B. 温度计　C. 中间隔板　D. 上下隔板

2. 判断题（对的画“√”，错的画“×”）

（　）（1）翻斗分离器应加强各连接部位的检查，确保无渗漏；注意安全附件检查，保证设备安全运行。

（　）（2）翻斗分离器不定期对阀门进行维护保养，保持阀门开关灵活；保证计数器、信号线工作正常。

（　）（3）加强日常检查维护，特别是冬季计量时要保证原油温度适当，含气量大的井开大平衡阀，以防安全阀动作。

（　）（4）翻斗量油是油田中期应用的较成熟技术，可实现油井的连续计量，近几年，各油田还应用了称重翻斗计量。

（　）（5）翻斗分离器计量结束后，分离器内液面高度应低于翻斗滑轨。

参考答案

1. 单选题

（1）A　（2）D　（3）B　（4）C　（5）C

2. 判断题

（1）√　（2）×　（3）√　（4）×　（5）√

第五章 原油处理设备故障判断与处理

在石油生产过程中，生产出来的原油要经过脱水、脱气、脱盐后储存。在这些工序中常用的原油处理设备有缓冲罐、三相分离器、气液分离器和储油罐等。

第一节　缓冲罐

缓冲罐也称卧式分离器，在正常工作中，主要通过缓冲罐稳定系统压力使缓冲罐内液体量稳定充足并能够保持压力始终相对稳定，从而给输油泵提供一个平稳的工作条件，是具有输油功能采油站必有的设备。

一、基础知识

油田所使用的缓冲罐大部分为卧式分离缓冲罐，总机关来液进入分离缓冲罐后进行气液分离。把初分离的混合液送进沉降罐，分离出的伴生气通过气液分离器净化后送到加热炉作燃料。同时，利用缓冲罐的暂时储油作用，避免外输液量波动等问题。缓冲罐有一室分离缓冲罐和两室分离缓冲罐。

1. 结构

卧式分离缓冲罐一般由主体容器、捕雾器、缓冲板、破沫网、气体整流器等部件组成，其结构如图 5-1 和图 5-2 所示。

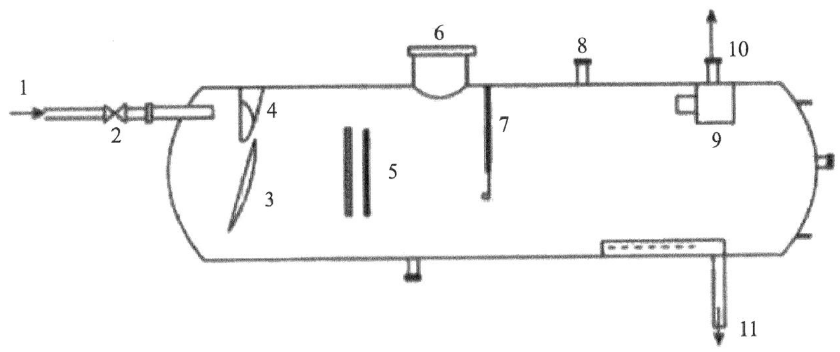

图 5-1　一室缓冲罐结构示意图

1—来油；2—进油口；3—缓冲板；4—能量吸收器；5—破沫网；6—人孔；7—气体整流器；8—安全阀；9—捕雾器；10—气出口；11—油出口

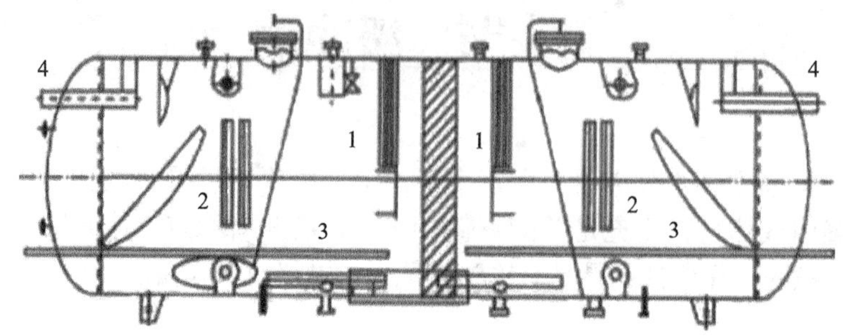

图 5-2　两室卧式分离缓冲罐结构示意图

1—气体整流器；2—破沫网；3—保温盘管；4—混合液进口

2. 工作原理

缓冲罐主要利用扩散作用、密度差异的工作原理，油气进入缓冲罐后，经过能量吸收器后喷到缓冲隔板上，因压力降低加之扩散作用，原油中溶解的天然气游离出来。分离后的油靠自重落到底部，经过破沫网后由出口排出。携带有小油滴的天然气，经过气体整流器和捕雾器后，从气出口排出，从而实现气液分离。

3. 日常维护及注意事项

1）日常维护

（1）做好各阀门的日常检查、清洁、润滑、紧固、防腐作业，确保开关灵活。

（2）定期检查缓冲罐安全阀并按时校验。

（3）冬季做好保温工作，防止阀门冻裂。

2）注意事项

（1）不得超压使用，安全阀应每年校验一次。

（2）使用时要密切注意液位变化，在液位超出要求范围时要及时调整阀的开度。

（3）对阀门和仪表及时维护保养。

（4）液位计、压力表和温度计应指示正确，并定期校验。

（5）定期对罐体进行检测维护。

二、常见故障分析与处理方法

缓冲罐故障原因分析及处理方法见表 5-1。

表 5-1　缓冲罐故障原因分析及处理方法表

序号	故障现象	故障原因分析	处理方法
1	安全阀泄放	（1）缓冲罐压力超过了安全阀的整定压力； （2）压力过高使安全阀开启	（1）重新校验； （2）合理控制气压
2	缓冲罐高、低液位均不报警	（1）缓冲罐浮漂卡死或破漏； （2）电接点不闭合，报警装置失灵或接线故障	（1）检修更换浮漂； （2）检修控制线路与报警装置
3	缓冲罐输油过程中，罐压下降超限	（1）缓冲罐放气阀开启太大； （2）液位低； （3）管线或容器出现泄漏	（1）调整缓冲罐放气阀； （2）停止输油； （3）检查维修泄漏点
4	缓冲罐内液量排出缓慢	（1）缓冲罐出口阀开启太小； （2）罐内没有足够的压力； （3）罐内底部沉积物多； （4）排液泵回流阀门开度过大	（1）开大缓冲罐油出口阀； （2）调整气压； （3）定期排污； （4）调节排液泵回流阀门合适开度
5	缓冲罐油温下降快	（1）缓冲罐内部加热盘管循环不畅； （2）循环温度低或进液量突增	（1）关闭加热盘管进出口阀门，放空； （2）提高加热温度
6	天然气管线充油	（1）液位计浮子卡死，导致液位失真； （2）出油阀失灵； （3）出油管线堵塞； （4）缓冲罐内压力过高	（1）清洗浮子，启泵输油降低液位； （2）更换出油阀； （3）解堵； （4）控制压力在合理范围内

第二节　三相分离器

三相分离器是对原油进行脱气、脱水、除砂的综合处理设备，能够实现原油集输工艺密闭处理。该类设备具有工艺简单、运行效率高、投资少、管理和维护方便的特点。

一、基础知识

三相分离器按外形分为立式三相分离器和卧式三相分离器两种，在油田常用卧式三相分离器。

1. 结构

卧式三相分离器外部由油气水混合物进口、天然气出口、油出口及水出口四部分组成（图 5-3），内部结构如图 5-4 所示。

图 5-3　三相分离器外部结构图

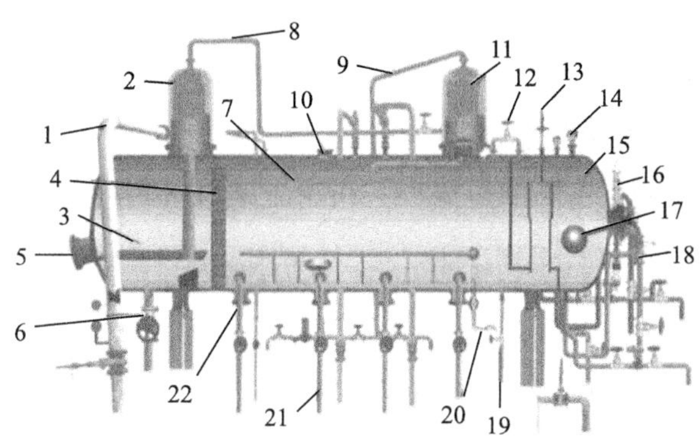

图 5-4 三相分离器内部结构示意图

1—油气水进口；2——级捕雾器；3—布液板；4—整流器；5—进液室人孔；6—排污阀 1；7—沉降室；8—气体导管；9—气出口；10—手孔；11—二级捕雾器；12—连通管；13—液位调节器；14—导波雷达液位计；15—水室、油室；16—磁翻板液位计；17—水室人孔；18—液位调节阀；19—排污阀 2；20—冲砂管；21—排砂管；22—排砂口

2. 工作原理

油、气、水混合物进入一级捕雾器进行气液分离，首先将大部分气体分离出来，通过气体导管进入二级捕雾器，与后期分离出的气体经气出口一起流出。油水混合液（含少量气体）经布液板均匀进入分离区，再经整流器缓冲整流后进入沉降室沉降，依靠重力差完成油水分离。水集中在底部，油集中在上部。通过液位调节器控制油水界面，以达到所要求的油水分离效果。分离后的油、水分别进入油室和水室经出油阀、出水阀自动排出。

3. 型号意义

HXS3.0 × 12.4-0.6（-Y）的型号意义如图 5-5 所示。

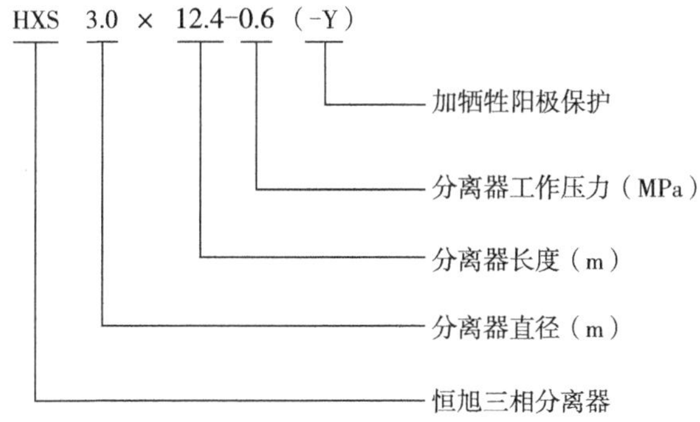

图 5-5 HXS3.0 × 12.4-0.6（-Y）型号意义

4. 日常维护及注意事项

1）日常维护

（1）定期对三相分离器进行排污。

（2）定期检查压力表、温度计、安全阀、高低液位报警装置。

2）注意事项

（1）平稳操作。

（2）安全阀应每年校验一次。

（3）液位计的上下阀门应处于常开状态。

（4）冬季要做好温度计、液位计的保温伴热。

（5）定期清洗过滤器，保证液路畅通。

（6）定期检测接地电阻值（小于 10Ω）。

二、常见故障分析与处理方法

三相分离器故障原因分析及处理方法见表 5-2。

表 5-2　三相分离器故障原因分析及处理方法表

序号	故障现象	故障原因分析	处理方法
1	出口阀工作不正常	（1）浮球穿孔； （2）浮球连杆脱扣； （3）阀芯及连杆机构卡阻	（1）更换浮球； （2）重新连接连杆与浮球； （3）除锈防腐
2	气体调节阀异常	（1）有杂物堵塞阀芯； （2）阀前压力过低或管线泄漏	（1）清除导气管、过滤器内堵塞物，维修或更换阀芯； （2）调高阀前压力或对泄漏点进行密封处理
3	压力过低	（1）来液伴生气量较小； （2）流程存在泄漏点； （3）自力式压力调节阀关闭不严； （4）浮球阀关闭不严	（1）升高原油温度； （2）检查泄漏点并做密闭处理； （3）维修或更换自立式压力调节阀； （4）维修或更换浮球阀
4	压力过高	（1）来液量过大； （2）站内天然气系统压力高； （3）三相分离器出口流程不通； （4）自立式压力调节阀打不开	（1）适当开启旁通阀，控制进液量； （2）降低系统压力； （3）确定故障后及时处理； （4）维修或更换自立式压力调节阀

续表

序号	故障现象	故障原因分析	处理方法
5	油出口含水不达标	（1）沉降室油水界面调节不合理，导致油室进水； （2）加药浓度不符合要求； （3）罐内沉积物较多； （4）来液量过大； （5）脱水温度较低； （6）油水室隔板腐蚀穿孔，导致水进入油室	（1）调整油水界面在合理范围内； （2）按要求调整加药浓度； （3）定期排污或清罐； （4）适当开启旁通阀门，控制进液量； （5）提高进口原油温度； （6）停运、检修
6	液位计异常	（1）油温低或液位计浮子卡阻； （2）液位计或传感器工作不正常	（1）加装伴热带或清洗浮子； （2）检修或更换液位计、传感器
7	油室和水室液位异常	（1）分离器系统工作压力过高或过低； （2）浮球阀关不严或打不开； （3）电动（气动）调节阀工作不正常； （4）来液量过大	（1）合理调节系统工作压力； （2）检修或更换浮球阀； （3）检修或更换电动（气动）调节阀； （4）适当开启旁通阀，控制进液量
8	天然气管线窜油	（1）液位调节机构失灵； （2）出油阀卡死； （3）天然气出口调节阀开度过大； （4）油室出口管线堵塞； （5）分离器内气压过低	（1）维修或更换液位调节机构； （2）维修或更换出油阀； （3）控制调节阀开度； （4）解堵； （5）补气
9	出油管线窜气	（1）分离器内液面过低； （2）天然气调节阀开度小； （3）天然气管线堵塞	（1）检查维修液面调节机构，调节出油阀开度； （2）调节天然气调节阀开度； （3）疏通天然气出口管线

第三节 气液分离器

气液分离器是油田站库对初分离的天然气进行二次分离，它具有除水、除油的作用。

一、基础知识

气液分离器种类很多，按原理主要分为重力式气液分离器、旋风式气液分离器和过滤式气液分离器。重力式气液分离器按形状可分为立式气液分离器、卧式气液分离器及球形气液分离器。本节重点介绍立式气液分离器。

1. 结构

立式气液分离器是由安全附件、进气构件、液滴捕集构件等组成的压力容器，具体结构如图 5-6 和图 5-7 所示。

图 5-6 立式气液分离器

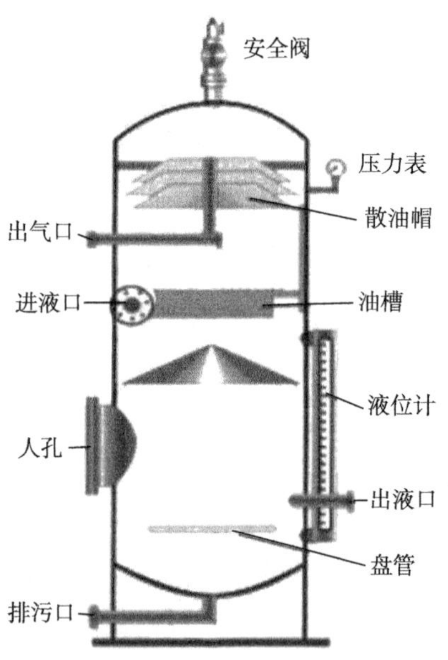

图 5-7 立式气液分离器结构图

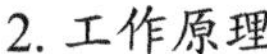
2. 工作原理

初分离出来的天然气，从直径比较小的进口切向进入直径较大的立式气液分离器中，由于体积增大而压力下降，气与油滴沿着分离器壁旋转散开，油气密度不同，所受离心力也不同，油滴所受重力和离心力大，沿着分离器壁下滑到底部；气所受重力和离心力小而上升。气体中所含粒径较小的油滴随着气体上升遇到上部分离伞（除雾器），小油滴吸附在分离伞的斜面上，分离伞上吸附的小油滴多了便聚集成较大的油滴，沿着伞面及分离器壁下滑到分离器的下部被排出。

3. 日常维护及注意事项

1）日常维护

（1）定期校验安全阀、压力表等安全附件。

（2）定期维护保养，确保阀门开关灵活。

2）注意事项

（1）运行中压力受控。

（2）定期排放积液。

（3）检查各密封点。

二、常见故障分析与处理方法

气液分离器故障原因分析及处理方法见表 5-3。

表 5-3　气液分离器故障原因分析及处理方法表

序号	故障现象	故障原因分析	处理方法
1	气管线充油充水	排液不及时	定期排放积液
2	积液排不出	（1）排污阀闸板脱落； （2）排污管线堵塞	（1）检修或更换； （2）疏通排污管线
3	压力异常	（1）来气量过多或过少； （2）压力表损坏，错误指示	（1）控制来气量； （2）更换压力表

第四节　储油罐

储油罐是储存石油及其产品的容器，是储运系统的重要设施之一。储油罐按安装位置（或建筑结构）分地上储油罐、半地下储油罐和地下储油罐，多使用地上储油罐。

一、基础知识

常见储油罐包括拱顶储油罐和浮顶储油罐。在炼厂、油田油库应用极为普遍。金属油罐具有安全可靠、经久耐用、不易渗漏、施工方便、施工周期短、投资省、适宜于储存各种油品等优点。容量规格小的几立方米，大的超过 $10\times10^4\text{m}^3$。

1. 结构

1）拱顶储油罐

拱顶储油罐的罐顶呈圆拱形，顶盖本身就是承重结构。拱顶储油罐由安全附件及专用附件构成，其结构如图 5-8 所示。

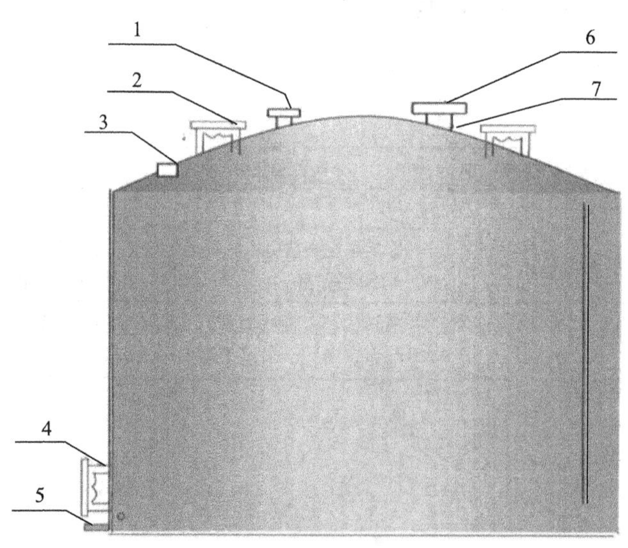

图 5-8　拱顶储油罐示意图

1—机械呼吸阀；2—透光孔；3—量油孔；4—人孔；5—排污管线；6—液压安全阀；7—阻火器

2）浮顶储油罐

浮顶储油罐的油罐顶盖浮于油面，并随着油面的变化而上下浮动，故称为浮顶储油罐（图 5-9）。浮顶储油罐可降低油品损耗，降低火灾危险。顶盖直径比罐的直径小 40 ～ 60cm，顶盖与罐壁间的缝隙设有密封装置。

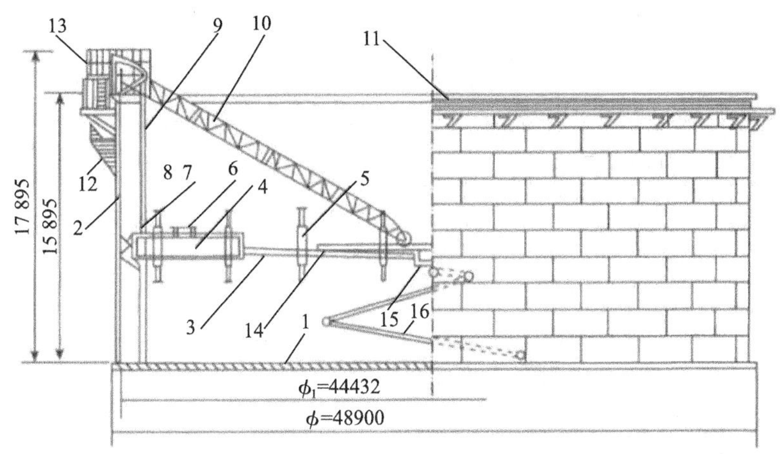

图 5-9　单盘式外浮顶储油罐示意图

1—低板；2—罐壁；3—单盘；4—浮船；5—浮船支撑；6—人孔；7—伸缩吊架；8—密封板；9—量油管；10—浮梯；11—抗风圈；12—盘梯；13—罐顶平台：14—轨道；15—集液管；16—折叠排水管

浮顶下面有许多支柱，当液面下降到距罐底一定高度时，支柱将浮板支撑住，不使浮盘落到罐底。

2. 工作原理

经沉降罐沉降破乳处理后的净化原油，溢流进入储油罐。分离后的污水经排污管线流入污油池，处理合格的原油外输至下游站。

3. 日常维护及注意事项

1）日常维护

（1）定期检查机械呼吸阀、液压安全阀和阻火器（图 5-10）。

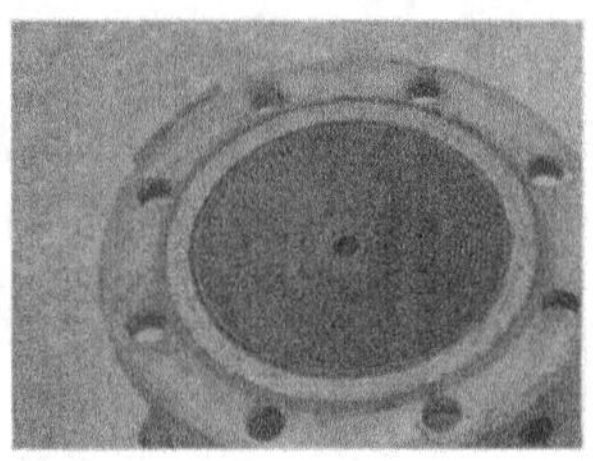

图 5-10　阻火溶清理前后

（2）定期维护保养，确保阀门开关灵活。

（3）定期检查维护扶梯、量油口胶皮垫及各跨接线。

2）注意事项

（1）上罐作业时，必须系安全带。

（2）上罐前释放静电。

（3）不能穿带铁钉鞋。

（4）遇 5 级以上大风及雷雨天气不能上罐。

（5）夜间作业要使用防爆手电筒，不能在罐顶开关手电筒。

（6）站在上风口作业。

（7）控制最低液位，防止浮盘落底。

二、常见故障分析与处理方法

储油罐故障原因分析及处理方法见表 5-4。

表 5-4　储油罐故障原因分析及处理方法表

序号	故障现象	故障原因分析	处理方法
1	取样含水超标	（1）来液含水升高； （2）乳化层厚度高； （3）外输口管线层位有水层	（1）联系上游站，查明原因处理； （2）降低乳化层； （3）打开排污阀脱水
2	油温过低	（1）来液温度低； （2）换热盘管循环不畅或不循环； （3）加热炉供热量不够	（1）调节来液换热器阀门开度，提高来油温度； （2）检查、调整或维修换热盘管； （3）增加供热量
3	明水突升	（1）伴热盘管腐蚀穿孔； （2）来液含水升高	（1）盲堵伴热盘管，上报清罐方案维护； （2）联系上游站，查明原因处理
4	排污阀堵塞	（1）排污阀闸板脱落； （2）出口管线堵塞	（1）维修或更换排污阀； （2）疏通出口管线
5	取样器不能下到底	（1）油温过低； （2）底部淤泥厚； （3）取样器卡在量油立管内	（1）提高油温； （2）清罐维护处理； （3）活动取样器，如无法解决，进行打捞处理

案例分析

【案例 1】缓冲罐气管线充油

1. 问题描述

某站岗位员工在巡回检查过程中，发现新投运的缓冲罐，液位计的液位显示在 1/2 ～ 2/3 范围内持续无变化，天然气出口管线却有明显的液体流动声音，用手摸天然气管线温度较高，打开气体放空阀观察，有原油流出。

2. 原因分析

（1）检查液位显示是否正常，检查液位计浮子是否卡死，液位计内介质是否凝固，检查液位计伴热是否工作正常。

（2）检查高液位报警设置值是否合理。

（3）检查出油阀是否卡死或出油管线是否堵塞。

对以上各项逐一检查发现，缓冲罐运行压力正常、流程正确，气管线放空阀有原油流出，液位计显示正常，说明液位计有故障。

3. 处理措施

（1）立即启动输油泵降低液位。

（2）打开缓冲罐气相管线放空阀，彻底放空气管线内原油。

（3）维修或更换液位计。

4. 预防措施

（1）加强巡回检查，发现问题及时解决。

（2）定期打开液位计排污阀冲洗杂质。

（3）及时启动输油泵，保持缓冲罐的液位平衡。

（4）冬季做好液位计的伴热保温措施。

【案例 2】三相分离器脱水含油超标

1. 问题描述

某站一台卧式油气水三相分离器脱水取样化验后，水中含油超标。

2. 原因分析

（1）来液量过大，超过分离器处理量。

（2）出油阀故障。

（3）分离器内气压过低。

（4）来液温度过低。

检查来液记录发现，来液量正常，来液温度正常，分离器运行压力正常，气体调节阀正常，最后发现是出油阀故障导致。

3. 处理措施

更换出油阀。

4. 预防措施

（1）定期维护保养阀门。

（2）三相分离器来液量、温度和压力控制在合理范围内。

练习题及答案

第一节

1. 单选题（每题有 4 个选项，只有 1 个是正确的，将正确的选项填入括号内）

（1）缓冲罐也称（　），在正常工作中，主要通过缓冲罐稳定系统压力使缓冲罐内液体的压力始终相对稳定，从而给输油泵提供一个平稳的工作条件，是采油内必需的设备之一。

A. 卧式分离器　　B. 立式分离器　　C. 真空分离器　　D. 球式分离器

（2）油田所使用的缓冲罐大部分为卧式分离缓冲罐，来液进入分离缓冲罐后进行（　）分离。

A. 油水　　B. 油气水　　C. 气液　　D. 气油

（3）缓冲罐有一室分离缓冲罐和（　）分离缓冲罐。

A. 两室　　B. 三室　　C. 四室　　D. 五室

（4）卧式分离缓冲罐一般由主体容器、捕雾器、缓冲板、破沫网、（　）等部件组成。

A. 油气整流器　　B. 气体整流器　　C. 机械整流器　　D. 电子整流器

（5）缓冲罐主要利用（　）的工作原理，油气进入缓冲罐后，经过能量吸收器后喷到缓冲隔板上，因压力降低加之扩散作用，原油中溶解的天然气游离出来。

A. 分离作用、密度差异　　B. 扩散作用、黏度差异

C. 分离作用、黏度差异　　D. 扩散作用、密度差异

2. 判断题（对的画“√”，错的画“×”）

（　）（1）分离后的油靠自重落到底部，经过破沫网后由出口排出。

（　）（2）携带有小油滴的天然气，经过气体整流器和捕雾器后，从气出口排出，从而实现油水分离。

（　）（3）卧式分离缓冲罐使用时要密切注意液位变化，在液位超出要求范围时要及时调整阀的开度。

（　）（4）缓冲罐主要利用扩散作用、密度差异的工作原理，油气进入缓冲

罐后，经过能量吸收器后喷到缓冲隔板上，因压力升高加之扩散作用，原油中溶解的天然气游离出来。

（　）(5)对阀门和仪表及时维护保养；液位计、压力表和温度计应指示正确，并定期校验；不定期对罐体进行检测维护。

参考答案

1. 单选题

（1）A　（2）C　（3）A　（4）B　（5）D

2. 判断题

（1）√　（2）×　（3）√　（4）×　（5）×

第二节

1. 单选题（每题有4个选项，只有1个是正确的，将正确的选项填入括号内）

（1）三相分离器是对原油进行脱气、脱水、除砂的综合处理设备，能够实现原油集输工艺（　）处理。

A. 加热　B. 敞开　C. 密闭　D. 冷却

（2）三相分离器具有工艺简单、（　）、投资少、管理和维护方便的特点。

A. 运行效率低　B. 运行效率高　C. 运行平稳　D. 运行不平稳

（3）三相分离器按（　）分为立式三相分离器和卧式三相分离器两种，在油田常用卧式三相分离器。

A. 外形　B. 原理　C. 安装方式　D. 工作方式

（4）油水混合液（含少量气体）经布液板（　）进入分离区，再经整流器缓冲整流后进入沉降室沉降，依靠重力差完成油水分离。

A. 均匀　B. 快速　C. 慢速　D. 分散

（5）HXS3.0×12.4-0.6（-Y）的型号意义，3.0表示（　）。

A. 分离器工作压力　B. 分离器直径

C. 分离器高度　D. 分离器长度

2. 判断题（对的画“√”，错的画“×”）

（　）（1）卧式三相分离器外部由油气水混合物进口、天然气出口、油出口三部分组成。

（　）（2）油、气、水混合物进入一级捕雾器进行气液分离，首先将大部分气体分离出来，通过气体导管进入二级捕雾器，与后期分离出的气体经气出口一起流出。

（　）（3）油水混合液（含少量气体）经布液板均匀进入分离区，再经整流器缓冲整流后进入沉降室沉降，依靠密度差完成油水分离。

（　）（4）三相分离器按外形分为立式三相分离器和卧式三相分离器两种，在油田常用卧式三相分离器。

（　）（5）通过液位调节器控制油水界面，以达到所要求的油水分离效果，分离后的油、水分别进入油室和水室经出油阀、出水阀自动排出。

参考答案

1. 单选题

（1）A　（2）B　（3）A　（4）A　（5）B

2. 判断题

（1）×　（2）√　（3）×　（4）√　（5）√

第三节

1. 单选题（每题有4个选项，只有1个是正确的，将正确的选项填入括号内）

（1）气液分离器是油田站库对初分离的天然气进行（　）分离，它具有除水、除油的作用。

A. 一次　　B. 二次　　C. 三次　　D. 四次

（2）气液分离器种类很多，按原理主要分为（　）气液分离器、旋风式气液分离器和过滤式气液分离器。

A. 密度式　　B. 黏度式　　C. 重力式　　D. 气液式

（3）重力式气液分离器按形状可分为（　）气液分离器。

A. 立式和卧式　　B. 立式、卧式和球形

C. 立式和箱状　　D. 立式、卧式和箱式

（4）立式气液分离器是由安全附件、进气构件、（　）捕集构件等组成的压力容器。

A. 气体　　B. 原油　　C. 气雾　　D. 液滴

（5）初分离出来的天然气，从直径比较小的进口（　）进入直径较大的立式气液分离器中。

A. 切向　　B. 相向　　C. 横向　　D. 径向

2. 判断题（对的画“√”，错的画“×”）

（　）（1）初分离出来的天然气，从直径比较小的进口切向进入直径较大的立式气液分离器中。

（　）（2）由于体积增大而压力下降，气与油滴沿着分离器壁旋转散开，油气密度不同，所受离心力也不同，油滴所受重力和离心力大，沿着分离器壁下滑到底部；气所受重力和离心力小而上升。

（　）（3）气体中所含粒径较小的油滴随着气体上升遇到上部分离伞（除雾器），大油滴吸附在分离伞的斜面上，分离伞上吸附的小油滴多了便聚集成较大的油滴，沿着伞面及分离器壁下滑到分离器的下部被排出。

（　）（4）真空式气液分离器是由安全附件、进气构件、液滴捕集构件等组成的压力容器。

（　）（5）气液分离器种类很多，按原理主要分为重力式气液分离器、旋风式气液分离器和过滤式气液分离器。

参考答案

1. 单选题

（1）B　（2）C　（3）B　（4）D　（5）A

2. 判断题

（1）√　（2）√　（3）×　（4）×　（5）√

第四节

1. 单选题（每题有4个选项，只有1个是正确的，将正确的选项填入括号内）

（1）（　）是储存石油及其产品的容器，是储运系统的重要设施之一。

A. 分离器　　B. 加热炉　　C. 分气包　　D. 储油罐

（2）储油罐按安装位置（或建筑结构）分地上储油罐、半地下储油罐和地下储油罐，多使用（　）。

A. 地上储油罐　　B. 半地上储油罐

C. 半地下储油罐　　D. 地下储油罐

（3）浮顶储油罐顶盖直径比罐的直径小（　），顶盖与罐壁间的缝隙设有密封装置。

A.10 ～ 20cm　　B.30 ～ 40cm　　C.40 ～ 60cm　　D.80 ～ 90cm

（4）储油罐容量规格小的几立方米，大的超过（　　）。

A. $10\times10^4m^3$　　B. $100\times10^4m^3$

C. $1000\times10^4m^3$　　D. $10000\times10^4m^3$

（5）经沉降罐沉降（　　）处理后的净化原油，溢流进入储油罐。

A. 破乳　　B. 分离　　C. 液化　　D. 脱水

2. 判断题（对的画“√”，错的画“×”）

（　　）（1）拱顶储油罐的罐顶呈圆拱形，顶盖本身就是防雨结构。

（　　）（2）分离后的污水经排污管线流入污油池，处理合格的原油外输至下游站。

（　　）（3）浮顶下面有许多支柱，当液面下降到距罐底一定高度时，支柱将浮板支撑住，不使浮盘落到罐底。

（　　）（4）油罐顶盖浮于油面，并随着温度的变化而上下浮动，故称为浮顶储油罐。

（　　）（5）浮顶储油罐可降低油品损耗，降低火灾危险。

参考答案

1. 单选题

（1）D　（2）A　（3）C　（4）A　（5）A

2. 判断题

（1）×　（2）√　（3）√　（4）×　（5）√

第六章 水处理设备故障判断与处理

水处理设备主要包括油田采出水处理设备和蒸汽锅炉用水处理设备。经过这些设备处理过的水质，必须达到采出水回注要求或蒸汽锅炉用水标准，以满足油田生产的需要。油田采出水处理设备主要有除油罐、粗/细/精细过滤器、空气压缩机和离子交换器。

第一节　除油罐

一、基础知识

本节重点介绍常用的立式除油罐。立式除油罐以分离采出水中的原油为主，降低采出水含油量。若进罐的采出水内添加絮凝剂，则该罐称为立式混凝除油罐。

1. 结构

立式除油罐是一种重力分离型除油构筑物，其主要结构如图 6-1 所示。

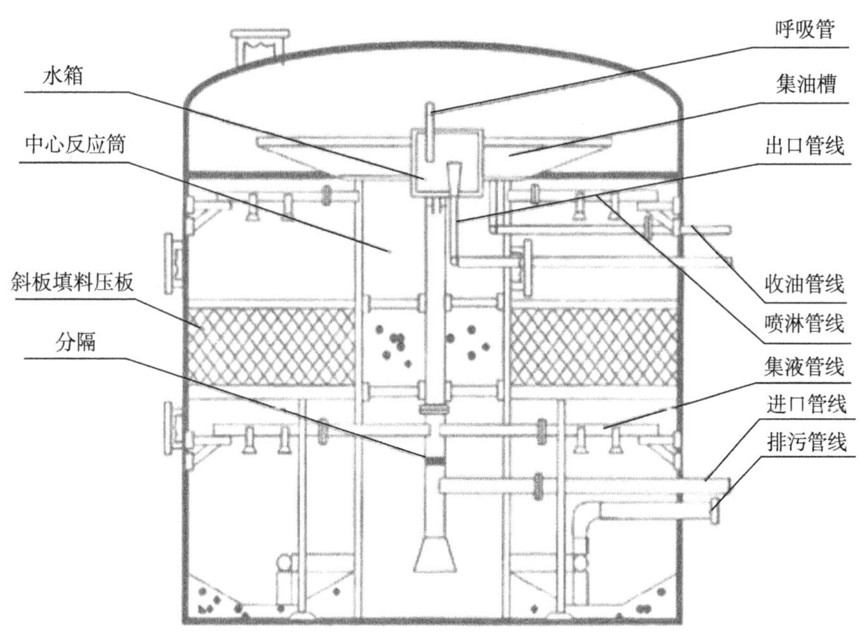

图 6-1　立式除油灌结构图

2. 工作原理

除油罐用于收集沉降罐污水中的浮油和其他储油罐放水携带的乳化油，是污水初次处理的主要设施。除油罐内置的中心反应筒的作用是过滤沉降罐来水的泥沙和杂物，斜板除油机是收集含油污水中浮油的装置。除油罐主要流程是靠自压供给调节水罐脱去浮油后的污水。

含油污水由进口管线经过中心反应筒后，进入喷淋管线，先在上部分离区进行初步的重力分离较大的油珠颗粒先行分离出来后，污水通过斜板区油水进一步分离，分离后的污水在下部集水区进入集水管，汇集后的污水由中心管柱上部流出除油罐。在斜板区分离出的油珠颗粒上浮到水面，进入集油槽后由出油管排出到收油装置。

3. 日常维护及注意事项

1）日常维护

（1）除油罐运行时调节好进口阀开度，保证进出水平衡。

（2）定时进行收油、排污作业，保证出水水质合格。

2）注意事项

（1）除油罐在投产前除应对罐内集油槽、集配水系统、斜板安装等部分进行检查外，对管式出水的罐还应检查中心柱上边是否开孔。

（2）对于有中心反应筒的除油罐，在初投产或检修进水时，一定要按照污水流程先从中心反应筒进水，以防压扁中心反应筒的事故发生。

（3）除油罐放水时一定要先放中心反应筒外的水，再放中心反应筒内的水，以保证中心反应筒不被压坏。

二、常见故障分析与处理方法

除油罐故障原因分析及处理方法见表 6-1。

表 6-1　除油罐故障原因分析及处理方法表

序号	故障现象	故障原因分析	处理方法
1	除油罐来水量小	（1）进口阀未开大； （2）沉降罐出水阀未全开； （3）脱水管线有堵塞现象	（1）开大除油罐进口阀； （2）全开沉降罐脱水阀； （3）疏通脱水管线
2	除油罐液位过高发生溢罐	（1）进口阀开度过大； （2）出口阀开度过小或未打开； （3）调节水罐进口阀未打开或开度过小； （4）至调节水罐管线有堵塞现象	（1）调节除油罐进口阀开度，控制进水量； （2）全开出口溢流阀； （3）全开调节水罐进口阀； （4）疏通至调节水罐的管线
3	除油罐出水口水质不合格	（1）除油罐内污油过多，影响出水水质； （2）除油罐内底部污泥过多，影响出水水质	（1）对除油罐进行收油作业； （2）对除油罐进行排污作业

续表

序号	故障现象	故障原因分析	处理方法
4	除油罐不出水	（1）呼吸管堵塞； （2）中心反应筒进气	（1）打开呼吸阀，疏通呼吸管； （2）从出口管线取样阀处向罐内灌水，排出中心反应筒内空气
5	不能收油只收水	进出水量不平衡，导致罐内水液位过高	调整进出水量，降低罐内水液位

第二节　粗过滤器

粗过滤器是以金属丝网及多孔板、核桃壳等作为过滤介质用来除去液体中固体杂质物的滤清型过滤器。粗过滤器具有结构先进、阻力小、排污方便等特点，适用介质为油、气、水。本节对核桃壳过滤器作重点介绍。

一、基础知识

核桃壳过滤器是一种适用于含油污水处理的过滤设备。该设备内部采用具有较强吸附能力、抗压能力强、化学性能稳定、硬度高、亲水性好、抗油浸并经特殊加工的核桃壳为滤料，其最大特点在于滤料反洗再生方便，能直接采用滤前水反洗，无须气源和化学药剂。核桃壳粒径有 0.5 ～ 0.8mm、0.8 ～ 1.2mm、1.2 ～ 1.6mm 和 1.6 ～ 2.0mm 四种规格。核桃壳的相对密度为 1.3 ～ 1.4，滤料的机械强度高，反洗再生好。

1. 结构

核桃壳过滤器主要由筒体、人孔、核桃壳、进出口管线、吊耳、支座等组成（图 6-2、图 6-3）。

图 6-2　核桃壳过滤器

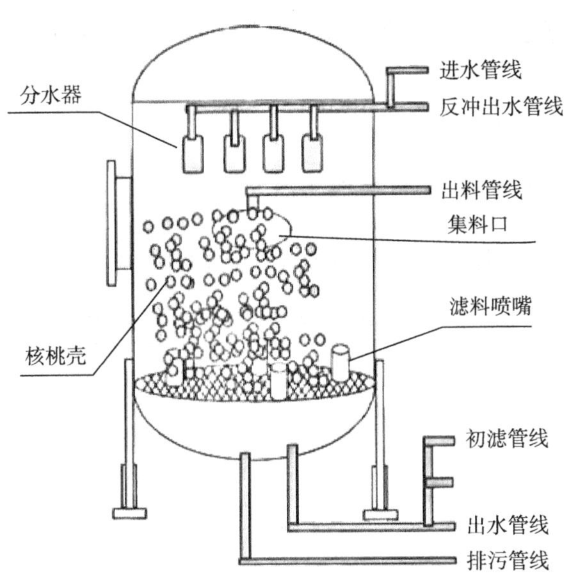

图 6-3　核桃壳过滤器结构

2. 工作原理

以核桃壳滤料作为介质，形成滤层，滤层采用单一粒径级配、深床过滤方式，无承托层，滤床高度为 1.0 ～ 1.5m。过滤时水流从上而下，将污水中的油和固体颗粒清除掉，同时因为核桃壳滤料密度略重于水，并且本身具备亲水疏油性，可以实现反洗再生。

3. 日常维护及注意事项

1）日常维护

（1）运行 8h 反冲洗一次，每次 15min。

（2）来水含油过高时，污油易在滤料表面板结，形成“油盖”增大过滤压降，降低过滤效率，因此，尽量避免高含油污水进入滤罐。

（3）核桃壳易破碎、泥化，滤料的损耗率较大，每半年检查一次，滤料缺失及时补充。

（4）高含油污水处理后反洗时，应加入高效除油清洗剂以保证反洗效果。

2）注意事项

（1）核桃壳过滤器带压运行，运行时应注意经常排气，以免罐顶积气过多影响过滤效果。

（2）控制好适宜的反冲洗强度，严禁用泵同时冲洗多个滤罐，以保证反冲洗效果。

（3）停运过滤器后应将罐内的处理水放尽，以免腐蚀结垢。

二、常见故障与处理方法

粗过滤器故障原因分析及处理方法见表 6-2。

表 6-2　粗过滤器故障原因分析及处理方法表

序号	故障现象	故障原因分析	处理方法
1	过滤器压力高，出水水量小或水质不合格	来水水质不符合要求，过滤器需要进行反冲洗作业	切换过滤器流程至反冲洗流程，启动反冲洗泵，对过滤器进行反冲洗，打开排污阀排污
2	气动阀不动作	（1）压缩机未启动，造成气压不足； （2）信号故障； （3）控制系统故障	（1）启动压缩机，打足气压； （2）检查电子仪器，排除故障； （3）检查控制系统，排除故障

第三节　细过滤器

细过滤器适用于油田污水浊度不大于100mg的水的深度净化处理，出水水质透明、清洁，达到国家污水水质处理标准。本节重点介绍纤维球过滤器。

一、基础知识

细过滤器的主要滤料有纤维球或纤维束，它是由涤纶纤维制成的，涤纶是一种聚酯纤维，具有无毒、耐酸等特性。纤维球（束）具有很好的弹性，用作过滤器滤料时，在外压和水流压力下，上层滤料受压小、孔隙大，下层滤料受压大、孔隙小，这就构成了合理的粒径配比，滤速可达20～30m/h，延长了过滤周期。

在油田污水处理中，为了进一步增强对油及有机物的吸附能力，现在大多采用改性纤维球。它与普通纤维球最大的区别在于亲水疏油，对含油污水处理具有效果佳、精度高、易冲洗、使用周期长等优点，广泛应用于油田、石化加工等行业污水处理。

1. 结构

纤维球过滤器主要由筒体、搅拌机、纤维球（束）、进出口管线、人孔、吊耳、支座等组成（图6-4和图6-5）。

图6-4　纤维球过滤器结构

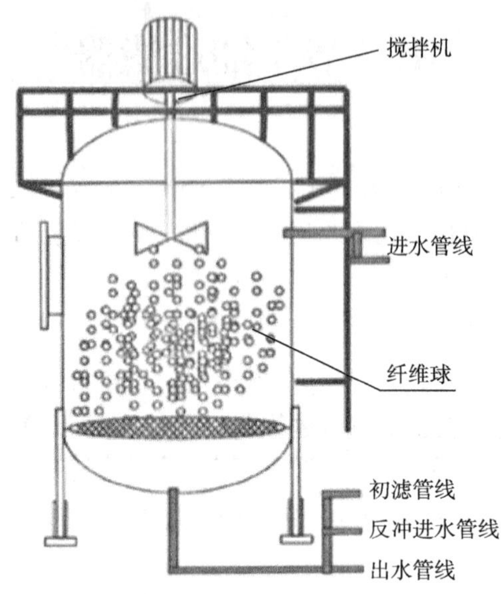

图 6-5　纤维球过滤器结构图

2. 工作原理

改性纤维球丝径细，比表面积大，叠加后滤层孔隙小，叠加后滤层孔隙度在 80% 以上，对悬浮物拦截作用优良。改性纤维球具备亲水疏油的特性，遇水时水分子渗透到改性纤维丝表面，形成水膜将纤维丝和油隔开；反洗时能将黏附在其表面的原油清洗干净。改性纤维球密度大且不粘油，在水力作用下能沉到罐底，上松下紧滤层孔隙结构好；运行时滤层孔隙率沿水流方向逐渐变小，形成上大下小的孔隙分布状态。

3. 日常维护及注意事项

1）日常维护

（1）运行 8h 反冲洗一次，每次 15min。

（2）定期检查各控制阀，发现有失灵、腐蚀等现象及时维修更换。

2）注意事项

（1）反洗时先开反洗泵，待滤料出现松动，再开搅拌器。

（2）纤维球过滤器带压运行，运行时应注意经常排气，以免罐顶积气过多影响过滤效果。

（3）控制好适宜的反冲洗强度，严禁用泵同时冲洗多个滤罐，以保证反冲洗效果。

（4）停运过滤器后应将罐内的处理水放尽，以免腐蚀结垢。

二、常见故障与处理方法

细过滤器故障原因分析及处理方法见表 6-3。

表 6-3　细过滤器故障原因分析及处理方法表

序号	故障现象	故障原因分析	处理方法
1	过滤器压力高，出水水量小或水质不合格	来水水质不符合要求，过滤器需要进行反冲洗作业	切换过滤器流程至反冲洗流程，启动反冲洗泵，对过滤器进行反冲洗，打开排污阀排污
2	气动阀不动作原因分析	（1）压缩机未启动，气压不足； （2）信号故障； （3）控制系统故障	（1）启动压缩机，打足气压； （2）检查电子仪器，排除故障； （3）检查控制系统，排除故障

第四节　精细过滤器

精细过滤器是由粉末材料（陶瓷、玻璃砂、聚乙烯、聚氯乙烯等）烧结成具有不同微孔径的成型过滤管组装而成的。

过滤管主要有聚乙烯（PE）烧结的过滤管和在聚乙烯基础上增加优质渗银活性炭后烧结的（PEC）过滤管。

一、基础知识

油田现场精细过滤器目前主要采用 PEC 过滤管，PEC 过滤管的孔径一般为 40 ～ 200 目，相应的微孔平均孔径为 42 ～ 50μm，过滤精度为不大于 6.0μm 和不大于 1.0μm，由于渗银活性炭具有杀菌作用，因而 PEC 过滤管兼有过滤、杀菌、防止滤管内滋生细菌的作用。

精细过滤器主要由封头、筒体、集液管、过滤管、进水管、出水汇管、排污管等几部分组成（图 6-6 ～图 6-8）。

图 6-6　精细过滤器

图 6-7　烧结管

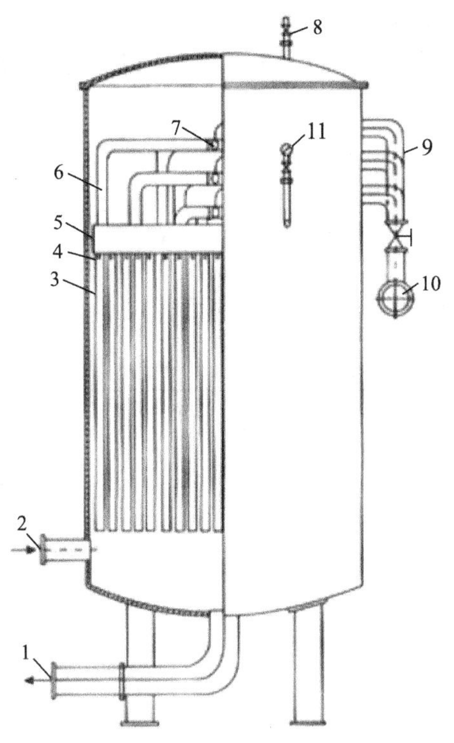

图 6-8　精细过滤器结构

1—排泄口；2—进水口；3—过滤膜；4—过滤膜接口；5—膜管槽；6—布气管；7—气流均分器；8—溢流阀；9—净水收集管；10—集水管

二、工作原理

清水进入过滤器筒体后，由滤管外向滤管内流动，经集液管盒后流出过滤器。这种过滤器能除去污水中粒径 1 ～ 5μm 的悬浮物，常设在压力过滤罐下游。过滤器内滤管的数量可在 40 ～ 200 根范围内，以适应不同流量的需要。

过滤器的初始压力降为 0.02MPa，随滤出物在过滤管表面形成的滤饼厚度的增加，压降逐步增加，过滤精度相应提高。当压降升至 0.2MPa 时停止过滤，用压力为 0.4 ～ 0.6MPa 的压缩空气反向吹扫过滤管，使过滤管再生。

三、日常维护及注意事项

1. 日常维护

（1）每使用 8h 对过滤管反吹一次，每次 15min。

（2）平稳运行，避免流量波动过大。

（3）PEC 过滤管的使用寿命为 2 ～ 3 年，定期更换以保证处理水质合格。

2. 注意事项

反吹时应分组进行，以保证反吹效果。

四、常见故障分析与处理方法

精细过滤器故障原因分析及处理方法见表 6-4。

表 6-4　精细过滤器故障原因分析及处理方法表

序号	故障现象	故障原因分析	处理方法
1	出水量小或不出水	（1）水源水质差； （2）滤管堵塞	（1）更换水源； （2）反吹
2	出水水质不合格	滤管破损或失效	更换滤管

第五节　空气压缩机

空气压缩机有多种结构形式，按气缸的配置方式，可分为立式、卧式、角度式、对称平衡式和对置式，按压缩级数，可分为单级式、双级式和多级式。

一、基础知识

空气压缩机的优点是结构简单，使用寿命长，并且容易实现大容量和高压输出，缺点是振动大，噪声大，且因为排气为断续进行，输出有脉冲，需要储气罐。

1. 结构

空气压缩机的结构如图 6-9 所示。

图 6-9　空气压缩机

1—储气罐；2—接线盒；3—电动机；4—空气过滤器；5—活塞总成；6—压力控制器；7—出气阀；8—润滑油堵头；9—润滑油看窗

2. 工作原理

空气压缩机的工作原理如图 6-10 所示。在气缸内做往复运动的活塞向右移动时，气缸内活塞左腔的压力低于大气压力，吸气阀开启，外界空气吸入缸内，这个过程称为压缩过程。当缸内压力高于输出空气管道内压力后，排气阀打开。压缩空气送至输气管内，这个过程称为排气过程。活塞的往复运动是由电动机带动的曲柄滑块机构实现的。曲柄的旋转运动转换为滑动—活塞的往复运动。

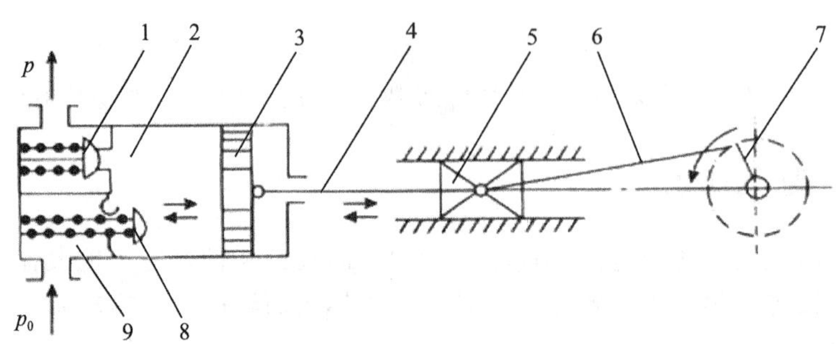

图 6-10　空气压缩机工作原理图

1—排气阀；2—气缸；3—活塞；4—活塞杆；5—滑块；6—连杆；7—曲柄；8—吸气阀；9—阀门弹簧；p_0—进气压力；p—出气压力

这种结构的压缩机在排气过程结束时总有剩余容积存在。在下一次吸气时，剩余容积内的压缩空气会膨胀，从而减少了吸入的空气量，降低了效率，增加了压缩功。并且由于剩余容积的存在，当压缩比增大时，温度急剧升高。故当输出压力较高时，应采取分级压缩方式。分级压缩可降低排气温度，节省压缩功，提高容积效率，增加压缩气体排气量。

3. 日常维护及注意事项

1）日常维护

（1）检查各部位螺母有无松动现象。

（2）检查皮带松紧是否适当。

（3）润滑油足够，无变质。

（4）压缩机工作前，最好空转 2 ～ 3min，再正常操作。

（5）定期检查清洁空气过滤器滤芯。

（6）空气压缩机使用后，打开储气筒排污阀，将凝积水及油污等排除干净。

2）注意事项

（1）按季节选用合适型号的空气压缩机润滑油。

（2）润滑油加注至合适位置。

（3）勿在运转时增加新油。

（4）运转过程中不得切断电源。需要切断电源时，需等空气压缩机达到设定压力值自动停机后，并且关闭气泵开关才可。

二、常见故障分析与处理方法

空气压缩机故障原因分析及处理方法见表 6-5。

表 6-5 空气压缩机故障原因分析及处理方法表

序号	故障现象	故障原因分析	处理方法
1	压缩机无法正常启动	（1）电源线、熔断丝或电闸规格小； （2）线路过载； （3）单向阀故障； （4）电压太低； （5）通风不良，室内温度过高； （6）压力开关故障	（1）使用符合规格的导线、熔断丝或电闸； （2）检查线路，去掉线路中的负载； （3）修理或更换单向阀； （4）检查电压； （5）将压缩机移至通风区域； （6）更换压力开关
2	压缩机不工作	（1）没供电； （2）开关未打开； （3）压缩机体内无润滑油； （4）皮带太松或太紧	（1）供电； （2）打开开关； （3）加注润滑油； （4）调整皮带松紧度
3	运转方向不对	电动机线接错	调整相序
4	压缩机件过热，电动机过热	（1）使用压力过高，超负荷运转； （2）空气滤清器或阀门积炭堵塞； （3）皮带太紧或中心线未对齐； （4）环境温度太高或通风不良； （5）电压过低或电线过长	（1）降低使用压力； （2）拆下清洗； （3）重新调整，对齐； （4）移至通风良好处； （5）更换电线，加稳压装置
5	压力无法达到规定值	（1）阀门组件故障； （2）安全阀漏气； （3）连接部位漏气； （4）活塞环磨损	（1）维修、更换阀门； （2）更换校验合格的安全阀； （3）紧固连接部位； （4）更换活塞环
6	噪声太大	（1）曲轴箱内缺润滑油； （2）皮带轮护罩松动； （3）活塞积炭	（1）检查轴承是否损坏，重新加注润滑油； （2）停机，重新紧固皮带轮护罩； （3）拆下压缩机气缸盖检查清理
7	压缩机振动大	（1）皮带轮太松或“四点一线”未调好； （2）曲轴变形； （3）皮带松； （4）地面不平整	（1）紧固皮带轮或调整“四点一线”； （2）更换曲轴； （3）调整皮带； （4）将压缩机基础找平
8	润滑油消耗太大或供气管线内有润滑油	（1）活塞环磨损； （2）气缸磨损	（1）更换活塞环； （2）更换气缸

第六节　离子交换器

离子交换器主要用于锅炉、热电站、化工、轻工、纺织、医药、生物、电子、原子能及纯水处理的前道处理，工业生产所需进行硬水软化、去离子水制备的场合，还可用于食品药物的脱色提纯，贵重金属、化工原料的回收，电镀废水的处理等。

一、基础知识

离子交换器分为钠离子交换器、阴阳床和混合床等种类。钠离子交换器用于去除水中钙离子和镁离子，制取软化水（图 6-11）。

图 6-11　离子交换器

1. 结构

逆流再生浮动床钠离子交换器，分为交换器本体和盐箱两部分（图 6-12）。离子交换器的左右两个交换柱内装 001X7 树脂。

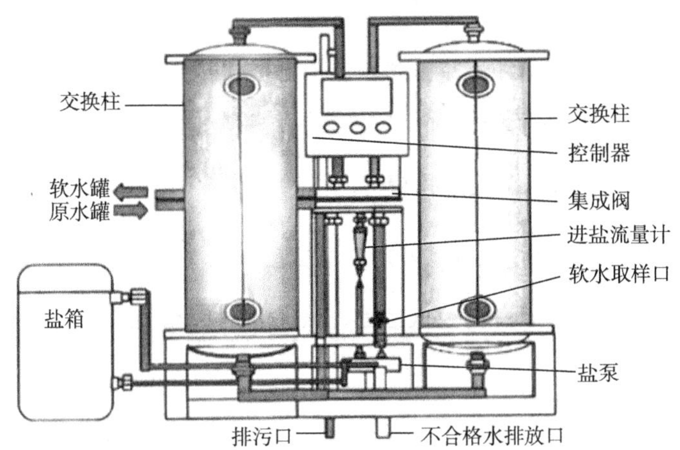

图 6-12　离子交换器结构图

2. 工作原理

软化过程中，水由下端进入，树脂层呈浮起（浮动床），水经过树脂层，由上口流出被软化。同时，另一个交换柱依次执行松床、再生、置换工艺。再生和置换过程中，水由上端进入，与软化过程的水流方向相反（逆流再生）。逆流再生使得交换柱上层树脂再生度最高。这样，当该交换柱进入软化过程，水流由下向上经过出水端时，始终接触再生度高的新鲜树脂，从而确保出水质量。

钠离子软化法是利用离子交换剂中的钠离子置换出水中的钙离子与镁离子，既可以除去水中的暂时硬度，又可以除去永久硬度。钠离子交换器运行一段时间后，交换剂置换钙离子与镁离子达到饱和后，就失去软化作用。如果需要继续使用，必须经过再生（还原）处理。处理方法是将 5% ～ 8% 浓度的氯化钠溶液再生剂输入交换器，利用氯化钠溶液中的钠离子把交换剂中的钙离子与镁离子置换出来。再生时形成的氯化钙和氯化镁为溶解性盐类，可用水冲洗除去，从而恢复交换剂的软化能力。

3. 日常维护及注意事项

1）日常维护

（1）经常对阀门进行清洁、润滑、防腐维护，以保证阀门灵活好用。

（2）定期进行排污。

（3）定期检查更换树脂。

2）注意事项

（1）水处理时控制好流速，防止流速过快将树脂带出。

（2）再生时控制好氯化钠浓度，保证再生效果。

二、常见故障分析与处理方法

离子交换器故障原因分析及处理方法见表 6-6。

表 6-6　离子交换器故障原因分析及处理方法表

序号	故障现象	故障原因分析	处理方法
1	周期性制水量减少	（1）再生用氯化钠量太少； （2）再生用氯化钠中杂质太多； （3）再生时氯化钠溶液流速太快，与树脂接触时间不够； （4）树脂被悬浮物污染； （5）反洗强度不够，反洗不彻底； （6）正洗时间过长，水量过大； （7）排水系统遭到破坏，水流不均匀	（1）增加再生用氯化钠量； （2）用化学分析法测定氯化钠质量，必要时用碳酸钠软化氯化钠溶液； （3）控制再生氯化钠溶液流速； （4）入口水应过滤至澄清，加大反洗强度，彻底清洗树脂颗粒；用 5% 氯化钠溶液清洗树脂，或用 pH 值为 3 ~ 5 的酸化氯化钠溶液清洗； （5）调整反洗水的流量和压力； （6）减少正洗时间； （7）停罐检修
2	离子交换器流量不够	（1）交换剂层过高； （2）进水管道或排水系统的水头阻力过大	（1）适当降低树脂高度； （2）改变进水管道和排水系统，加强冲洗
3	反洗过程中有正常的树脂颗粒流失	（1）排水帽破裂； （2）反洗强度过大； （3）交换器截面上流速分布不均； （4）树脂间有气泡	（1）更换排水帽； （2）降低反洗强度； （3）检修进水系统； （4）排尽气泡
4	再生用氯化钠量过大	（1）氯化钠溶液流速过快； （2）分布不均； （3）所含杂质过多； （4）浓度过高	（1）控制氯化钠溶液流速； （2）检修进氯化钠溶液系统； （3）加强氯化钠溶液过滤直至澄清； （4）调整氯化钠溶液浓度
5	软水硬度达不到要求	（1）生水中钠盐浓度过大； （2）树脂颗粒表面被污染； （3）盐液阀未关严或损坏； （4）并联系统中，正在再生的交换器出水阀开启或未关严； （5）交换剂层不够高或运行流速过快； （6）水温过低（低于 10℃）	（1）改为二级软化系统处理； （2）减少生水和氯化钠溶液中的杂质； （3）关闭或维修盐液阀； （4）关闭或检修、更换出水阀； （5）适当增加交换剂层高度或降低运行速度； （6）适当提高生水温度
6	软水中氯离子含量增大	（1）再生时开启运行罐盐液阀或运行罐盐液阀未关严； （2）出水阀损坏或关不严	（1）严格执行操作规程； （2）及时检修、更换阀门，注意监测水中氯离子含量变化，及时排污

案例分析

【案例 1】除油罐溢罐跑油

1. 问题描述

某联合站当班员工王某巡检时发现调节罐液位较低，于是开大除油罐进口阀，以加大除油罐出口流量，补充调节罐水位。当王某再次巡检时，发现除油罐顶发生溢流，立即关闭除油罐进口阀，打开收油及排污阀进行紧急收油、排污，使得除油罐液位快速回落。

2. 原因分析

除油罐正常运行时，一般液面比较平稳，污油可通过手动操作收油阀从顶部的收油管线流至收油池。当来水量突然增大，大于出水量时，会使液面增高，严重时会发生溢罐事故。此次溢罐，主要是由于进口阀开度过大，巡回检查不及时造成的。

3. 处理措施

（1）合理调整进口阀开度，保持除油罐内进出水平衡。

（2）调整进口阀开度后，应加密巡回检查，及时观察除油罐液位变化情况。

4. 预防措施

（1）调节进水量时应平稳操作，避免出现进口阀开度过大或过小现象。

（2）进行收油作业时，操作人员需及时观察除油罐液位，防止液位过高，发生溢罐。

【案例 2】除油罐不出水

1. 问题描述

某联合站当班员工在进行排污作业后，打开进口阀投运除油罐，半小时后再次巡检发现除油罐液位已经至罐顶而出口不出水。

2. 原因分析

由于进行排污作业时关闭了进口阀，除油罐内液位下降导致中心反应筒进空气，再次投运除油罐后，由于中心反应筒有空气形成气阻现象，使得出口管线不出水。

3. 处理措施

在出口管线取样阀处接管线，然后向除油罐中心反应筒内倒灌水使得中心反应筒空气排出，消除气阻现象后正常投运除油罐。

4. 预防措施

进行排污作业时边进边出，保持除油罐液位，防止空气进入中心反应筒内产生气阻现象。

【案例 3】过滤器控制阀腐蚀损坏

1. 问题描述

某联合站当班员工切换反冲洗流程，进行过滤器反冲洗作业，反冲洗 15min 后打开反冲洗放空阀取样，化验后发现水质不合格，于是继续进行反冲洗，10min 后再次检查冲洗后水质，还是不合格。

2. 原因分析

经检查，反冲洗流程和操作顺序都正确，滤料在使用期内，反冲洗时间也足够。进一步检查阀门后发现，进口阀腐蚀损坏，造成来水进入反冲洗管线，导致水质不合格。

3. 处理措施

更换进口阀。

4. 预防措施

（1）按要求加注缓蚀剂，减小腐蚀速率。

（2）加强巡回检查，发现问题及时处理。

【案例 4】反冲洗后水质仍然未达到要求

1. 问题描述

某联合站当班员工张某在上班时按规定时间，对过滤器进行反冲洗操作。张某先启动搅拌器，然后启动反冲洗泵进行反冲洗。冲洗 15min 停止后，检查反冲洗效果时发现反冲洗后水质仍然不合格。

2. 原因分析

按照反冲洗操作流程规定，应先启动反洗泵使滤料松动后再启动搅拌器。

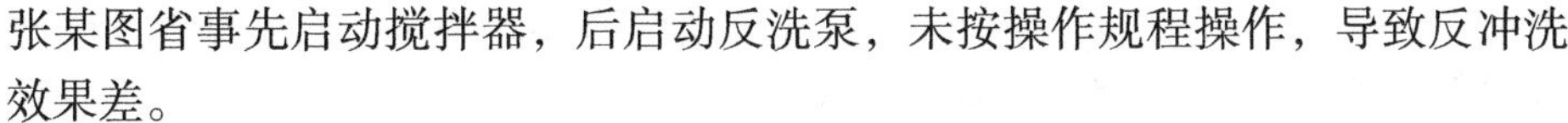

张某图省事先启动搅拌器，后启动反洗泵，未按操作规程操作，导致反冲洗效果差。

3. 处理措施

在对纤维球过滤器进行反冲洗时，严格执行操作规程，先启动反洗泵松动滤料后，再启动搅拌器进行搅拌，以保证反冲洗效果。

4. 预防措施

（1）加强培训，严格执行操作规程。

（2）按操作规程进行反冲洗操作。

【案例 5】反吹后处理水质未达标

1. 问题描述

某联合站当班员工刘某按规定对烧结管过滤器进行反吹，流程切换至反吹流程，打开反吹阀逐个进行反吹。15min 反吹结束后，刘某切换至正常流程，检查过滤后水质不合格。

2. 原因分析

经检查流程切换正确，反吹时间合适，压缩机工作正常，初步判断是过滤器内部问题。打开过滤器后检查发现，有几根烧结管出现裂纹，失去过滤作用而导致过滤水质不合格。

3. 处理措施

更换损坏的烧结管。

4. 预防措施

（1）反吹时平稳操作，避免出现超压。

（2）定期检查，更换烧结管。

【案例 6】压缩机打不起压

1. 问题描述

某联合站当班员工马某巡回检查发现气动阀不动作，压缩机在运转并发出异响。马某立即停止压缩机进行检查。

2. 原因分析

经检查压缩机各部位螺栓完好，连接紧固，机油液位也正常，手摸缸体温度正常，压缩机安放的地面平整，压缩机没有晃动现象。最后发现是由于皮带老化松动导致压缩机打不起压力。

3. 处理措施

更换皮带，调整好松紧度。

4. 预防措施

定期对压缩机各部位检查维护。

【案例 7】出气管线腐蚀漏气，导致压力达不到设定值

1. 问题描述

某联合站当班员工李某在上班期间，启动压缩机准备供气。但是压缩机运行后，压力始终达不到设定值，无法自动停机。最后李某停止压缩机，上报领导后，来人维修。

2. 原因分析

检查压缩机安全阀仍在有效期内，储气罐整体、气缸体完好无裂痕。检查压缩机气缸的出口管线完好，压缩机气阀完好。沿管线检查，发现埋地出气管线腐蚀穿孔，导致气压无法达到设定值。

3. 处理措施

对穿孔管线进行处理。

4. 预防措施

（1）定期对软管进行检查。

（2）两年更换一次软管。

【案例 8】离子交换器出水水质不合格

1. 问题描述

某联合站当班员工白某对离子交换器进行再生后，正常进行水质软化处理，并对出口水进行取样、化验，发现软化后水质仍然不达标。

2. 原因分析

经检查设备运行记录再生时间符合要求，水源无变化，罐内水温 25℃，离子交换器更换过树脂。最后检查流程发现，盐箱出口阀内漏，盐箱蹿水导致处理后的软化水水质不合格。

3. 处理措施

维修或更换损坏的阀门。

4. 预防措施

加强日常巡回检查，发现问题及时维修或更换。

练习题及答案

第一节

1. 单选题（每题有4个选项，只有1个是正确的，将正确的选项填入括号内）

（1）除油罐运行时调节好（　）开度，保证进出水平衡。

A. 进口阀　　B. 出口阀　　C. 脱水阀　　D. 收油阀

（2）立式除油罐是一种（　）分离型除油构筑物。

A. 浮力　　B. 重力　　C. 混凝　　D. 絮凝

（3）立式除油罐以分离采出水中的原油为主，降低采出水含油量。若进罐的采出水内添加絮凝剂，则该罐称为立式（　）除油罐。

A. 浮力　　B. 重力　　C. 混凝　　D. 絮凝

（4）斜板除油机是收集含油污水中（　）的装置。

A. 杂物　　B. 泥沙　　C. 乳化油　　D. 浮油

（5）在斜板区分离出的油珠颗粒上浮到水面，进入集油槽后由（　）排出到收油装置。

A. 喷淋管　　B. 集液管　　C. 出油管　　D. 收油管

2. 判断题（对的画“√”，错的画“×”）

（　）（1）立式除油罐以分离采出水中的原油为主，提高采出水含油量。

（　）（2）除油罐用于收集沉降罐污水中的浮油和其他储油罐放水携带的乳化油，是污水初次处理的主要设施。

（　）（3）除油罐放水时一定要先放中心反应筒内的水，再放中心反应筒外的水，以保证中心反应筒不被压坏。

（　）（4）除油罐在投产前除应对罐内集油槽、集配水系统、斜板安装等部分进行检查外，对管式出水的罐还应检查中心柱上边是否开孔。

（　）（5）对于有中心反应筒的除油罐，在初投产或检修进水时，一定要按照污水流程先从中心反应筒进水，以防压扁中心反应筒的事故发生。

参考答案

1. 单选题

（1）A　（2）B　（3）C　（4）D　（5）C

2. 判断题

（1）×　（2）√　（3）×　（4）√　（5）√

第二节

1. 单选题（每题有 4 个选项，只有 1 个是正确的，将正确的选项填入括号内）

（1）核桃壳易破碎、泥化，滤料的损耗率较大，每（　）检查一次，滤料缺失及时补充。

A. 一个月　　B. 三个　　C. 半年　　D. 一年

（2）核桃壳过滤器运行（　）反冲洗一次，每次 15min。

A.6h　　B.8h　　C.10h　　D.12h

（3）核桃壳过滤器主要由筒体、人孔、核桃壳、进出口管线、（　）、支座等组成。

A. 吊耳　　B. 吊环　　C. 支架　　D. 底座

（4）核桃壳过滤器工作原理是以核桃壳滤料作为介质，形成滤层，滤层采用单一粒径级配、深床过滤方式，无承托层，滤床高度为（　）。

A.0.5 ～ 1.0m　　B.0.5 ～ 1.5m　　C.1.0 ～ 1.5m　　D.1.0 ～ 2.5m

（5）核桃壳过滤器气动阀不动作的原因，下面说法不正确的是（　）。

A. 控制系统故障　　B. 来水水质不符合要求

C. 信号故障　　D. 压缩机未启动，造成气压不足

2. 判断题（对的画“√”，错的画“×”）

（　）（1）粗过滤器是以金属丝网及多孔板、核桃壳等作为过滤介质用来除去液体中固体杂质物的滤清型过滤器。

（　）（2）核桃壳过滤器带压运行，运行时应注意经常排气，以免罐顶积气过多影响过滤效果。

（　）（3）过滤时水流从上而下，将污水中的油和固体颗粒清除掉，同时因为核桃壳滤料密度略重于水，并且本身具备亲油疏水性，可以实现反洗再生。

（　）（4）来水水质符合要求，过滤器需要进行反冲洗作业。

（　）（5）控制好适宜的反冲洗强度，可以用泵同时冲洗多个滤罐，以保证反冲洗效果。

参考答案

1. 单选题

（1）C　（2）B　（3）A　（4）C　（5）B

2. 判断题

（1）√　（2）√　（3）×　（4）×　（5）×

第三节

1. 单选题（每题有 4 个选项，只有 1 个是正确的，将正确的选项填入括号内）

（1）细过滤器适用于油田污水浊度（　）100mg 的水的深度净化处理，出水水质透明、清洁，达到国家污水水质处理标准。

A. 大于　B. 小于　C. 不大于　D. 不小于

（2）纤维球（束）具有很好的（　）。

A. 伸缩性　B. 韧性　C. 塑性　D. 弹性

（3）纤维球（束）用作过滤器滤料时，滤速可达（　）。

A.20 ～ 30m/min　B.25 ～ 30m/min

C.20 ～ 30m/h　D.25 ～ 30m/h

（4）改性纤维球对含油污水处理中具有的优点，下面说法不正确的是（　）。

A. 效果佳　B. 硬度高　C. 易冲洗　D. 使用周期长

（5）纤维球过滤器运行 8h 反冲洗一次，每次（　）。

A.5min　B.10min　C.15min　D.25min

2. 判断题（对的画“√”，错的画“×”）

（　）（1）细过滤器的主要滤料有纤维球或纤维束，它是由涤纶纤维制成的，涤纶是一种聚酯纤维，具有无毒、耐酸碱等性质。

（　）（2）纤维球过滤器主要由筒体、搅拌机、纤维球（束）、进出口管线、人孔、吊耳、支座等组成。

（　）（3）改性纤维球具备亲油疏水的特性，遇水时水分子渗透到改性纤维

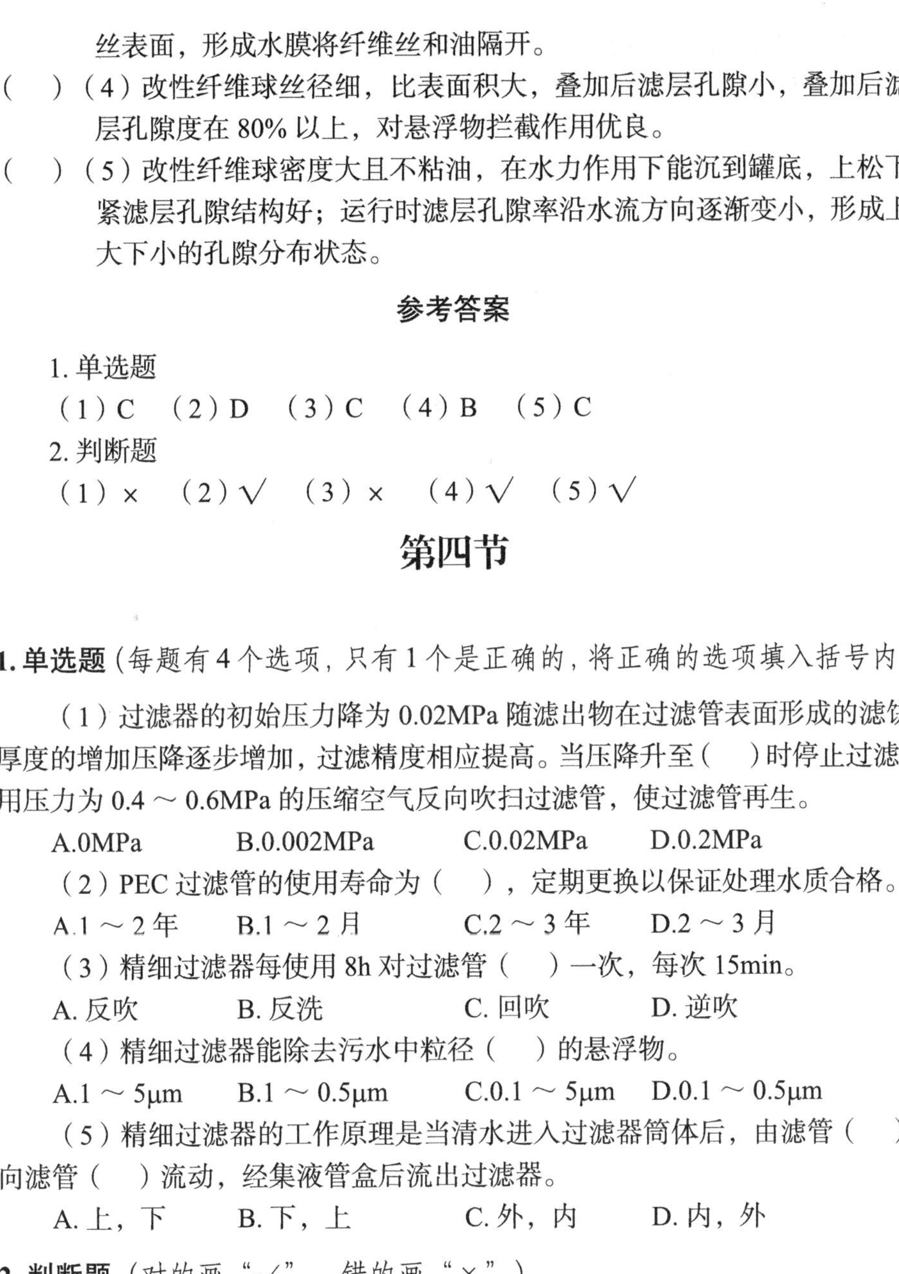

丝表面，形成水膜将纤维丝和油隔开。

（　）（4）改性纤维球丝径细，比表面积大，叠加后滤层孔隙小，叠加后滤层孔隙度在 80% 以上，对悬浮物拦截作用优良。

（　）（5）改性纤维球密度大且不粘油，在水力作用下能沉到罐底，上松下紧滤层孔隙结构好；运行时滤层孔隙率沿水流方向逐渐变小，形成上大下小的孔隙分布状态。

参考答案

1. 单选题

（1）C　（2）D　（3）C　（4）B　（5）C

2. 判断题

（1）×　（2）√　（3）×　（4）√　（5）√

第四节

1. 单选题（每题有 4 个选项，只有 1 个是正确的，将正确的选项填入括号内）

（1）过滤器的初始压力降为 0.02MPa 随滤出物在过滤管表面形成的滤饼厚度的增加压降逐步增加，过滤精度相应提高。当压降升至（　）时停止过滤，用压力为 0.4 ～ 0.6MPa 的压缩空气反向吹扫过滤管，使过滤管再生。

A.0MPa　　B.0.002MPa　　C.0.02MPa　　D.0.2MPa

（2）PEC 过滤管的使用寿命为（　），定期更换以保证处理水质合格。

A.1 ～ 2 年　　B.1 ～ 2 月　　C.2 ～ 3 年　　D.2 ～ 3 月

（3）精细过滤器每使用 8h 对过滤管（　）一次，每次 15min。

A. 反吹　　B. 反洗　　C. 回吹　　D. 逆吹

（4）精细过滤器能除去污水中粒径（　）的悬浮物。

A.1 ～ 5μm　　B.1 ～ 0.5μm　　C.0.1 ～ 5μm　　D.0.1 ～ 0.5μm

（5）精细过滤器的工作原理是当清水进入过滤器筒体后，由滤管（　）向滤管（　）流动，经集液管盒后流出过滤器。

A. 上，下　　B. 下，上　　C. 外，内　　D. 内，外

2. 判断题（对的画“√”，错的画“×”）

（　）（1）精细过滤器是由粉末材料（陶瓷、玻璃砂、聚乙烯、聚氯乙烯等）烧结成具有相同微孔径的成型过滤管组装而成的。

（ ）（2）油田现场精细过滤器目前主要采用 PCE 过滤管。

（ ）（3）精细过滤器主要由筒体、集液管、过滤管、进水管、出水汇管、排污管等几部分组成。

（ ）（4）精细过滤器出水量小或不出水的原因是水源水质差和滤管堵塞。

（ ）（5）精细过滤器出水水质不合格的原因是滤管破损或失效。

参考答案

1. 单选题

（1）D （2）C （3）A （4）A （5）C

2. 判断题

（1）× （2）× （3）× （4）√ （5）√

第五节

1. 单选题（每题有 4 个选项，只有 1 个是正确的，将正确的选项填入括号内）

（1）电源线、熔断丝或电闸规格小会造成压缩机（ ）。

A. 噪声大 B. 运转方向不对 C. 不工作 D. 无法正常启动

（2）在气缸内作（ ）的活塞向右移动时，气缸内活塞左腔的压力低于大气压力，吸气阀开启，外界空气吸入缸内，这个过程称为压缩过程。

A. 循环运动 B. 往复运动 C. 交替运动 D. 交变运动

（3）压缩机工作前，最好空转（ ），再正常操作。

A.1 ～ 2min B.2 ～ 3min C.2 ～ 5min D.3 ～ 5min

（4）空气压缩机不工作的原因有没供电、开关未打开、压缩机体内无润滑油、（ ）。

A. 电动机线接错 B. 阀门组件故障

C. 压力开关故障 D. 皮带太松或太紧

（5）空气压缩机运转过程中不得切断电源。需要切断电源时，需等空气压缩机达到设定（ ）自动停机后，并且关闭气泵开关才可。

A. 压力值 B. 温度值 C. 流量值 D. 负荷值

2. 判断题（对的画“√”，错的画“×”）

（ ）（1）空气压缩机按气缸的配置方式，可分为立式、卧式、角度式、对称平衡式和对置式。

（　）（2）空气压缩机按压缩级数，可分为单级式、双级式和多级式。

（　）（3）空气压缩机使用前，打开储气筒排污阀，将凝积水及油污等排除干净。

（　）（4）空气压缩机在排气过程结束时总有剩余容积存在。

（　）（5）分级压缩可提高排气温度，节省压缩功，提高容积效率，增加压缩气体排气量。

参考答案

1. 单选题

（1）D　（2）B　（3）B　（4）D　（5）A

2. 判断题

（1）√　（2）√　（3）×　（4）√　（5）×

第六节

1. 单选题（每题有4个选项，只有1个是正确的，将正确的选项填入括号内）

（1）钠离子交换器用于去除水中钙离子和（　）。

A. 镁离子　　B. 钠离子　　C. 氯离子　　D. 钾离子

（2）离子交换器失去软化作用后再生（还原）的处理方法是将5%～8%浓度的氯化钠溶液再生剂输入（　），利用氯化钠溶液中的钠离子把交换剂中的钙离子与镁离子置换出来。

A. 控制器　　B. 交换器　　C. 盐箱　　D. 置换器

（3）反洗过程中有正常的树脂颗粒流失的处理措施，下面说法不正确的是（　）。

A. 更换排水帽　　B. 检修排水系统

C. 排尽气泡　　D. 降低反洗强度

（4）软水硬度达不到要求的原因，下面说法不正确的是（　）。

A. 生水中钠盐浓度过大　　B. 树脂颗粒表面被污染

C. 盐液阀未关严或损坏　　D. 水温过高（低于10℃）

（5）逆流再生浮动床钠离子交换器，分为交换器本体和（　）两部分。

A. 交换柱　　B. 排污口　　C. 盐箱　　D. 盐泵

2. 判断题（对的画“√”，错的画“×”）

（　）（1）离子交换器分为钠离子交换器、阴阳床和混合床等种类。

（　）（2）离子交换器的上下两个交换柱内装 001X7 树脂。

（　）（3）软化过程中，水由下端进入，树脂层呈浮起（浮动床），水经过树脂层，由上口流出被软化。

（　）（4）再生和置换过程中，水由上端进入，与软化过程的水流方向相同（逆流再生）。

（　）（5）钠离子软化法是利用离子交换剂中的钠离子置换出水中的钙离子与镁离子，可以除去水中的暂时硬度，但不可以除去永久硬度。

参考答案

1. 单选题

（1）A　（2）B　（3）B　（4）D　（5）C

2. 判断题

（1）√　（2）×　（3）√　（4）×　（5）×

第七章
安全附件故障判断与处理

安全附件是为了使压力容器、设备及管道安全运行而安装的一种安全装置、油田常见的安全附件有安全阀、呼吸阀、压力表、液位计、温度计、变送器等。

第一节　安全阀

安全阀主要用于锅炉、压力容器和管道的超压保护装置，是应用最为普遍的重要安全附件之一。

一、基础知识

安全阀在系统中起安全保护作用。当系统压力超过规定值时，安全阀打开，将系统中的一部分气体/流体排入大气/管道外，使系统压力不超过允许值，从而保证系统不因压力过高而发生事故。

1. 结构

安全阀按结构可分为杠杆式安全阀、弹簧式安全阀和脉冲式安全阀3种，如图7-1所示。石油生产现场应用较广泛的为弹簧式安全阀。

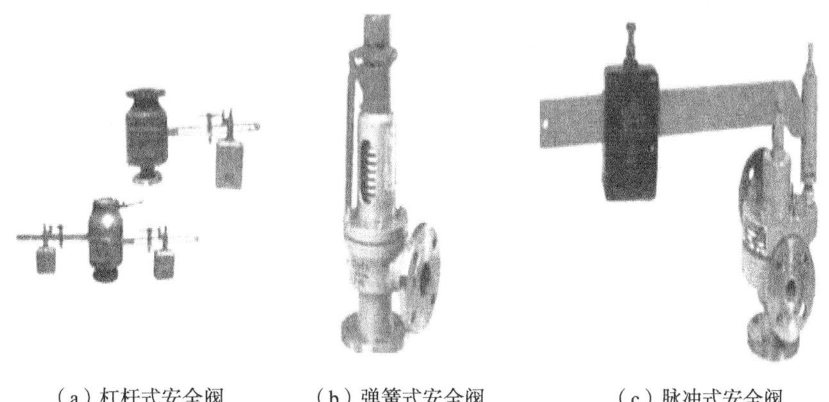

（a）杠杆式安全阀　（b）弹簧式安全阀　（c）脉冲式安全阀

图7-1　安全阀

弹簧式安全阀通常由阀座、阀瓣和加载机构组成。阀瓣带有阀杆，紧扣在阀座上；阀瓣上面是加载机构，载荷的大小可以调节；阀座和阀体与承压设备相通。弹簧式安全阀结构如图7-2所示。

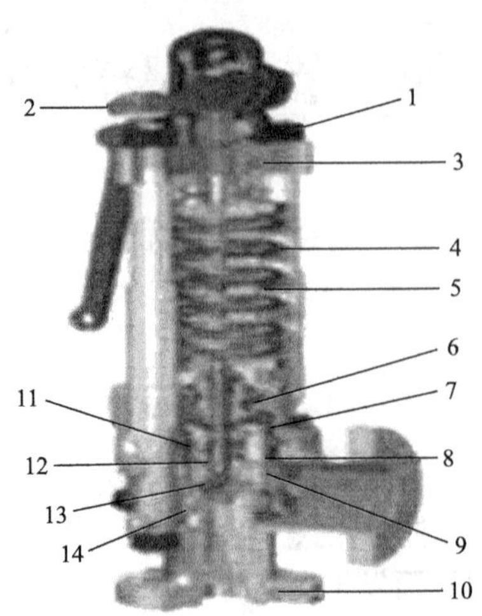

图 7-2　弹簧式安全阀结构

1—压缩螺栓；2—提升传动装置；3—轭架；4—弹簧；5—阀杆；6—重叠套环；7—升度止动块；8—阀芯压环；9—上调整环；10—阀体；11—导承；12—阀瓣环；13—阀芯；14—下调整环

2. 工作原理

当容器内的压力在规定的工作压力范围时，内压作用于阀瓣上的力小于加载机构施加在它上面的力，两者之差构成阀瓣与阀座之间的密封力，使阀瓣紧压着阀座，容器内气体无法排出。当容器内的压力超过工作压力，达到安全阀的开启压力时，内压作用于阀瓣上的力大于加载机构施加在它上面的力，于是阀瓣离开阀座，安全阀开启，容器内的气体通过阀座排出。当容器内压力降至正常工作压力以下时，阀瓣回座，安全阀处于关闭状态。

3. 产品型号

安全阀的型号意义如图 7-3 所示。

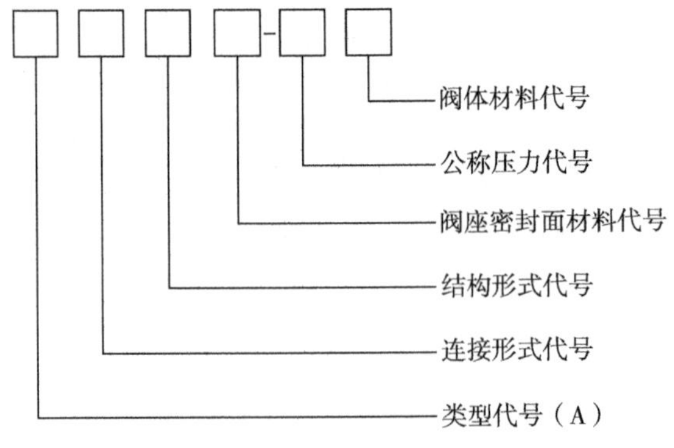

图 7-3　安全阀型号意义

4. 日常维护及注意事项

1）日常维护

（1）定期检查安全阀是否泄漏。

（2）应定期检查安全阀是否在有效期内，铅封是否完好。

2）注意事项

（1）定期校验，严禁超期使用。

（2）安全阀应垂直安装，并装设在容器或管道气相界面位置上。

（3）安全阀的出口应无阻。

（4）严禁私自拆开安全阀的铅封或调整开启压力。

（5）根据介质选用安全阀类型。

二、常见故障分析与处理方法

安全阀故障原因分析及处理方法见表 7-1。

表 7-1　安全阀故障原因分析及处理方法表

序号	故障现象	故障原因分析	处理方法
1	安全阀泄漏	（1）密封面上有杂质或腐蚀； （2）弹簧因受载过大而失效或弹簧因腐蚀弹力降低； （3）阀杆弯曲变形或阀芯与阀座支撑面偏斜； （4）整定压力太低； （5）杠杆式安全阀的杠杆与支点发生偏斜，使阀芯与阀座坐不严	（1）清除掉落到密封面上的杂质或研磨密封面； （2）更换弹簧； （3）更换阀杆或重新装配阀芯与阀座； （4）根据设备工作压力对安全阀开启压力进行适当整定； （5）校正杠杆中心线
2	安全阀启闭不灵活	（1）调节圈调整不当，致使安全阀开启过程延长或回座迟缓； （2）内部运动构件卡阻； （3）排放管道阻力过大	（1）重新加以调整； （2）查明原因并清除； （3）减小排放管道的阻力
3	安全阀未在整定压力下开启	（1）安全阀校验不当； （2）密封面有杂质或生锈； （3）阀杆与衬套间的间隙过小； （4）阀门通道被障碍物堵住； （5）弹簧产生永久性变形； （6）安全阀选用不当	（1）重新校验安全阀； （2）清理密封面杂质或研磨； （3）适当加大阀杆与衬套的间隙； （4）清除障碍物； （5）更换弹簧； （6）选用合适的安全阀

续表

序号	故障现象	故障原因分析	处理方法
4	安全阀达不到全开状态	（1）安全阀选用的公称压力过大； （2）调节圈调整不当； （3）阀瓣在导向套中摩擦阻力太大； （4）安全阀排放管设置不当，介质流动阻力大	（1）重新选用安全阀； （2）重新调整调节圈； （3）清洗、研磨或更换部件； （4）重新设置排放管
5	排气阀瓣不能及时回座	（1）阀瓣在导向套中摩擦阻力大，间隙太小或不同轴； （2）阀瓣的开启和回座机构未调整好	（1）需进行清洗、研磨或更换部件； （2）重新调整阀瓣的开启和回座机构

第二节　呼吸阀

呼吸阀是储罐不可缺少的安全附件，其功能是平衡储罐内外压力。设置呼吸阀可以平衡储罐内外压力。

一、基础知识

呼吸阀是保护油罐安全的重要附件，装设在油罐的顶部，由压力阀和真空阀两部分组成。

1. 结构

呼吸阀主要由阀盘、阻火层、吸入阀和排出阀等组成，如图 7-4 所示。

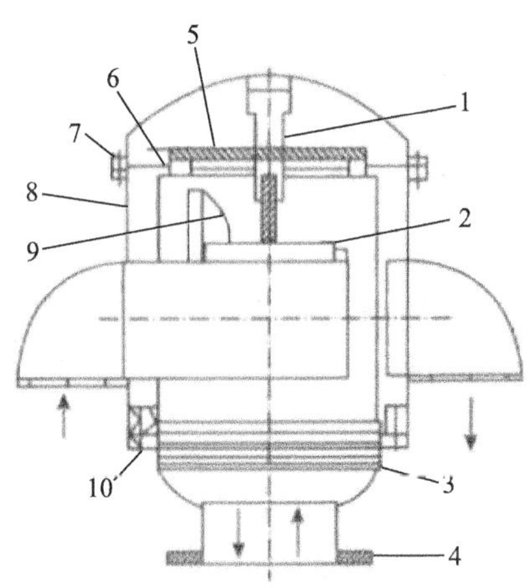

图 7-4　呼吸阀结构

1—阀盘导杆；2—吸入阀；3—阻火层；4—连接法兰；5—排出阀；6—密封座；7—紧固螺栓；8—筒体；9—静电导线；10—紧固螺栓

2. 工作原理

当容器承受正压时，呼吸阀打开呼出气体泄放压力；当容器承受负压时，呼吸阀打开吸入气体，平衡内外压力，确保容器安全。

3. 日常维护及注意事项

1）日常维护

（1）夏季每月进行一次保养，冬季每月两次。

（2）定期检查呼吸阀正负压阀盘工作是否灵活。

2）注意事项

（1）运输途中避免碰撞，造成法兰密封面受损。

（2）应垂直安装于储罐顶部，不可横放和倒置。

二、常见故障分析与处理方法

呼吸阀故障原因分析及处理方法见表 7-2。

表 7-2 呼吸阀故障原因分析及处理方法表

序号	故障现象	故障原因分析	处理方法
1	漏气	（1）锈蚀； （2）阀与阀盘表面有杂质； （3）阀盘、阀座变形或阀盘导杆倾斜	（1）除锈； （2）清理杂质； （3）更换阀盘、阀座或重新装配导杆
2	堵塞	（1）尘土、锈渣等杂物沉积于呼吸阀内或呼吸管内； （2）蜂或鸟在呼吸阀口筑巢	（1）清理尘土、锈渣等杂质； （2）定期检查，及时处理
3	粘连	油蒸气、水分与尘土等杂物结合，使阀盘、阀座、导杆粘连	定期检查，及时处理
4	卡死	（1）呼吸阀安装不正； （2）阀杆锈蚀	（1）正确安装呼吸阀； （2）定期维护，清除锈蚀
5	冻结	气温变化，空气中的水分在呼吸阀的阀体、阀盘、阀座和导杆等部位凝结	定期检查，及时处理

第三节　压力表

压力是工业生产中的重要工艺参数之一。如果压力不符合要求，不仅会影响生产效率、降低产品质量，甚至还会造成严重的安全事故。因此，压力测量在工业生产中具有特殊的地位。

一、基础知识

压力表（Pressure Gauge）是指以弹性元件为敏感元件，测量并指示高于环境压力的仪表，应用极为普遍，它几乎遍及所有的工业流程和科研领域。在热力管网、油气传输、供水供气系统、车辆维修保养厂店等领域随处可见。尤其在工业生产过程控制与技术测量过程中，由于压力表的弹性敏感元件具有很高的机械强度以及生产方便等特性，压力表得到越来越广泛的应用。

压力表的精度等级是以它的允许误差占表盘刻度值的百分数来划分的，其精度等级数越大，允许误差占表盘刻度极限值越大。压力表的量程越大，同样精度等级的压力表，它测得压力值的绝对值允许误差越大。

经常使用的压力表的精度为 2.5 级和 1.5 级。1.0 级和 0.5 级的属于高精度压力表，现在有的数字压力表已经达到 0.25 级。

压力表表盘所指示的整个盘面一般分为 50mm、60mm、100mm 和 150mm。通过盘面玻璃或其他透明材料的表盘可以看到指针的示数，便于观测和记录。

压力表按显示压力的工作原理分为液柱式压力表和弹性式压力表。

（1）液柱式压力表。

液柱式压力表是根据静力学原理，将被测压力转换成液柱高度来进行压力测量的。这类仪表包括 U 形管压力计、单管压力计、斜管压力计等。常用的测压指示液体有酒精、水、四氯化碳和水银。这类压力表的优点是结构简单，反应灵敏，测量准确；缺点是受到液体密度的限制，测压范围较窄，在压力剧烈波动时，液柱不易稳定，而且对安装位置和姿势有严格要求。一般仅用于测量低压和真空度，多在实验室中使用。

（2）弹性式压力表。

弹性式压力表是根据弹性元件受力变形的原理，将被测压力转换成元件的位移来测量压力的。常见的有弹簧管压力表、波纹管压力表、膜片（膜盒）

式压力表。这类压力表结构简单，牢固耐用，价格便宜，工作可靠，测量范围宽，适用于低压、中压、高压多种生产场合，是工业中应用最广泛的一类压力测量仪表。本节重点介绍弹簧管压力表。

弹簧管压力表按性能可分为普通型（标准）、蒸汽用普通型（M）、耐热型（H）、耐震型（V）、蒸汽用耐震型（MV）和耐热耐震型（HV）6 种。

1. 结构

弹簧管压力表主要由弹簧管、传动机构、指示机构和表壳 4 部分组成，如图 7-5 所示。

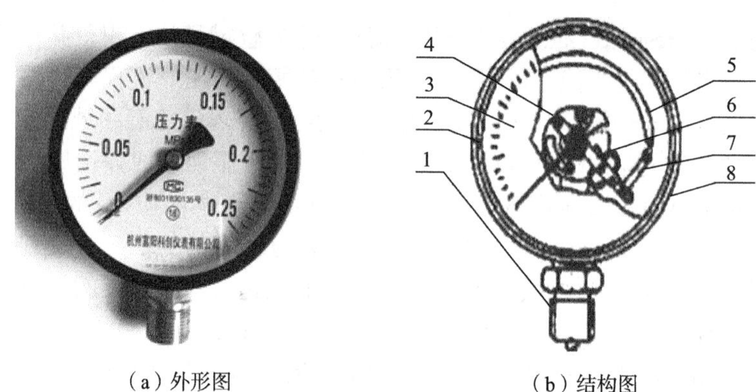

（a）外形图　　（b）结构图

图 7-5　弹簧管压力表

1—接头；2—衬圈；3—度盘；4—指针；5—弹簧管；6—传动机构（机芯）；7—连杆；8—表壳

（1）弹簧管：它是一根弯曲成圆弧形状，多为椭圆形横截面的空心管子。一端焊接在压力表的管座上固定不动，并与被测压力的介质相连通，管子的另一端是封闭的自由端，在压力的作用下，管子的自由端产生位移，在一定范围内位移量与所测压力呈线性关系。

（2）传动机构：一般称为机芯，它包括扇形齿轮、中心齿轮、游丝和上下夹板、中心轴等零件。传动机构的主要作用是将弹簧管自由端的微小位移加以放大，并转换成仪表指针的圆弧形旋转位移。

（3）指示机构：包括指针、指示盘等，其作用是将指针的旋转位移通过刻度盘的分度指示出被测压力值。

2. 工作原理

弹簧管固定的一端与表接头连接，另一端通过连杆、扇形齿轮机构、中心轴和指针连接。由于弹簧管冲压后，单位面积受力相等，而离心的受力面大于向心的受力面，因为受力面积的差异，两个面上的作用力不相等，即离心受力面大于向心受力面上的力，使弹簧管向直线方向伸动（压力越大，伸动越大），从而拉动连杆，带动扇形齿轮机构、中心轴和指针转动，在表盘刻度上显示出压力值。

3. 产品型号

压力表的型号意义如图 7-6 所示。

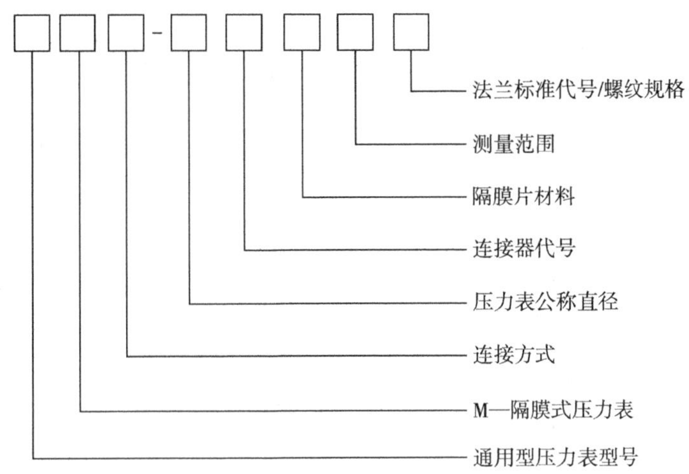

图 7-6 压力表型号意义

4. 日常维护及注意事项

1）日常维护

（1）压力表应保持清洁，表盘上的玻璃要明亮清晰。

（2）压力表的连接管要定期吹扫，以免堵塞。

（3）压力表必须定期校验。

2）注意事项

（1）压力表应垂直安装，并力求与测量点间保持同一水平位置。

（2）仪表使用前后应妥善保管，切忌碰撞和强烈振动。

（3）根据介质选用压力表类型。

（4）被测压力应在压力表量程的 1/3 ～ 2/3 之间。

（5）安装压力表时应采用密封垫密封。

二、常见故障分析与处理方法

压力表故障原因分析及处理方法见表 7-3。

表 7-3　压力表故障原因分析及处理方法表

序号	故障现象	故障原因分析	处理方法
1	压力表指针不动	（1）压力表接头内有污物淤积而阻塞； （2）扇形齿轮与小齿轮阻力过大； （3）两齿轮磨损过多，无法啮合； （4）控制阀未打开	（1）清理压力表接头； （2）调整配合间隙至适中； （3）更换齿轮； （4）打开控制阀
2	指针回转迟钝或跳动	（1）传动件的配合间隙过小，传动不灵活； （2）传动件啮合部位有污物，传动不灵活； （3）自由端与连杆连接不灵活； （4）指针弯曲与表盘或表罩有摩擦	（1）增大配合间隙，或加钟表油； （2）清理污物或更换传动件； （3）调整连接至灵活为止； （4）矫正指针
3	指针转动不平稳	（1）扇形齿轮倾斜； （2）指针轴弯曲； （3）夹板弯曲； （4）支柱倾斜，导致上下夹板不平行	（1）矫正或更换扇形齿轮； （2）校直指针轴； （3）校正夹板平直度； （4）校正支柱
4	指针抖动大	（1）被测介质压力波动大； （2）齿轮间配合不好； （3）指针套与轴配合不好	（1）关小阀门开度； （2）调整齿轮配合状态； （3）调整指针套与轴的配合间隙
5	指针偏离零位	（1）传动机构的紧固螺钉松动； （2）降压速度快，指针碰弯或松动； （3）弹簧管产生永久变形	（1）拧紧固定螺钉； （2）操作时缓慢降压； （3）更换压力表
6	压力指示偏高	（1）传动比例失调； （2）正零位指示值偏大	（1）重调传动比例； （2）调整指针在零位至负零位允许范围
7	压力指示偏低	（1）传动比例失调； （2）弹簧管渗漏； （3）指针或传动机构有摩擦； （4）导压管泄漏	（1）重新调整传动比例； （2）更换压力表； （3）找出摩擦部位并消除； （4）找出导压管泄漏部位并处理
8	压力表内漏	（1）弹簧管裂纹渗漏； （2）弹簧管与支撑座焊接不良	（1）更换压力表； （2）焊接或更换

第四节　液位计

在容器中液体介质液面的高低称为液位，测量液位的仪表称为液位计。现场常用的液位计有玻璃管式液位计、磁浮子式液位计、指针式浮球液位计和雷达液位计等。

一、玻璃管式液位计

1. 基础知识

玻璃管式液位计是一种直读式液位测量仪表，适用于工业生产过程中一般储液设备的液体位置的现场检测，其结构简单、维修方便、直观可靠，是传统的现场液位测量工具。

1）结构

玻璃管式液位计主要由上阀体、下阀体、玻璃管和放水阀等构件组成（图7-7）。该液位计安装维修方便，通常用于工作压力为0.6MPa和介质为非易燃易爆或无毒的容器中。玻璃管的公称直径为15mm和25mm两种。

图7-7　玻璃管式液位计

2）工作原理

玻璃管式液位计是基于连通器原理设计的，由玻璃管构成的液体通路。通常采用法兰或锥管螺纹与被测容器连接构成连通器，透过玻璃管观察到的液面与容器内的液面相同。

3）日常维护及注意事项

（1）日常维护。

①使用中的液位计应定期检查，清洗玻璃管内外壁污垢，使液位显示清晰。

②液位计的上下旋塞阀应严密不漏。

（2）注意事项。

①容器上与玻璃管液位计连接的两法兰端面应保证在同一垂直平面内，否则容易导致玻璃管折断、泄漏。

②冬季玻璃管液位计防止冻堵。

③安装玻璃管时严禁向管内吹气。

2. 常见故障分析与处理方法

玻璃管式液位计故障原因分析及处理方法见表 7-4。

表 7-4 玻璃管式液位计故障原因分析及处理方法表

序号	故障现象	故障原因分析	处理方法
1	玻璃管破裂	（1）意外碰撞； （2）无液位时，温度过高； （3）安装玻璃管时，向管内吹气； （4）玻璃管表面沾染油污； （5）冻裂； （6）玻璃管两端的旋塞阀不在一个平面上	（1）更换玻璃管； （2）禁止低液位运行； （3）安装玻璃管时，严禁向管内吹气； （4）保持玻璃管清洁； （5）保温； （6）调整两旋塞阀在同一垂直平面内
2	液位看不清	（1）玻璃管内壁脏了； （2）玻璃管表面脏了	（1）关闭玻璃管上旋塞阀、下旋塞阀，放净玻璃管内介质，清洗玻璃管内壁； （2）清洗玻璃管表面污物

二、磁浮子式液位计

磁浮子液位计是以磁性浮子为感应元件，并通过磁性浮子与显示色条中磁性体的耦合作用，反映被测液位或界面的测量仪表。

1. 基础知识

磁浮子液位计具有显示直观醒目、无须电源、安装方便可靠、维护量小、维修费用低的优点，是玻璃管式液位计的升级换代产品。现广泛应用于石油化工等行业的罐、槽、箱等容器的液位检测。

1）结构

磁浮子式液位计由主体、翻板箱（由红、白双色磁性小翻板组成）、浮子和法兰盖等组成，如图 7-8 所示。

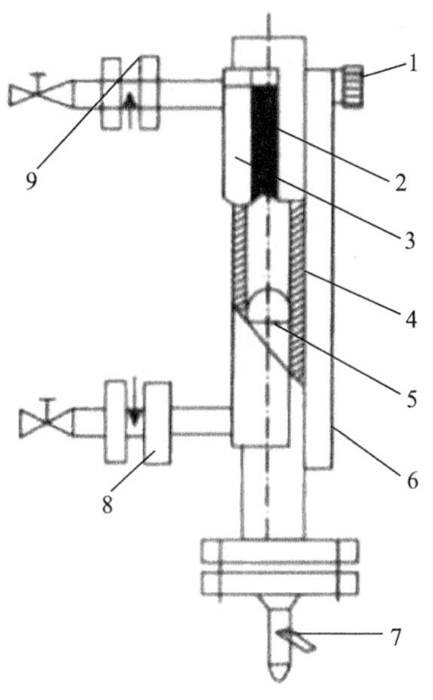

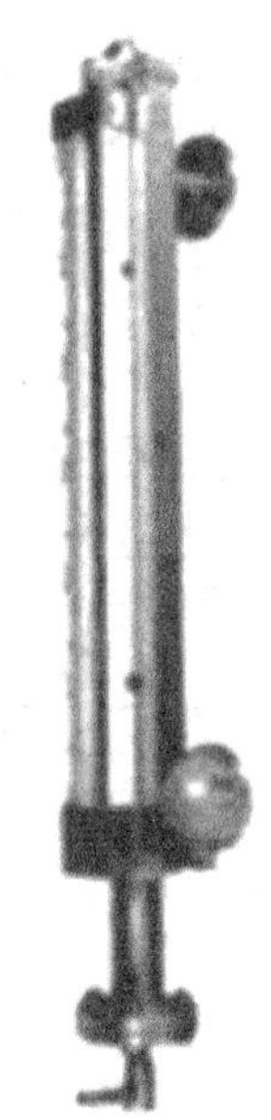

图 7-8　磁浮子液位计

1—变送器接线盒；2—翻板显示器；3—标尺；4—主体；5—磁浮子；
6—传感器；7—排污阀；8、9—连接法兰

2）工作原理

当被测容器中的液位升降时，液位计本体管中的磁性浮子也随之升降，浮子内的永久磁钢通过磁耦合传递到磁翻柱指示器，驱动红翻柱、白翻柱翻转 180° ，当液位上升时翻柱由白色转变为红色，当液位下降时翻柱由红色转变为白色，指示器的红白交界处为容器内部液位的实际高度，从而实现液位清晰的指示。

3）日常维护及注意事项

（1）日常维护。

①排除导磁物质，禁用铁丝固定。

②定期清洗主导管杂质。

（2）注意事项。

①采用伴热管路时，必须选用非导磁材料，如紫铜管等，伴热温度根据介质情况确定。

②必须垂直安装，与容器引管间应装有球阀，便于检修和清洗。

③介质内不应含有固体杂质或磁性物质，以免对浮子造成卡阻。

④使用前应先用校正磁钢将零位以下的小球置成红色，其他球置成白色。

⑤运行中应避免介质急速冲击浮子，引起浮子剧烈波动，影响显示准确性。

2. 常见故障分析与处理方法

磁浮子式液位计故障原因分析及处理方法见表 7-5。

表 7-5　磁浮子式液位计故障原因分析及处理方法表

序号	故障现象	故障原因分析	处理方法
1	液位升降、仪表无指示	（1）浮子泄漏、损坏或失磁； （2）浮子室内有异物卡死不能升降	（1）更换浮子； （2）清理浮子室
2	磁翻柱指示不正常	磁翻柱失磁。	更换失磁部分的翻柱
3	仪表发生渗漏	（1）密封处没有密封好； （2）密封垫损坏； （3）焊缝开裂	（1）调整密封面； （2）更换密封垫； （3）更换液位计
4	浮子卡死	介质中固体杂质在密闭管道中凝结、吸附	清洗磁浮子液位计浮筒和浮子
5	乱磁现象	磁钢的磁性减弱或消失	更换磁钢，维修或校正
6	气阻现象	气相随液相进入磁浮子液位计的工作筒，与工作筒外的指示器瞬间失去磁耦合作	排空气体，再用磁棒等磁性物体进行现场校正，以恢复现场液位的监控

三、指针式浮球液位计

指针式浮球液位计是用于直接指示各种敞开或承压容器内液位高度的指针式仪表。

1. 基础知识

指针式浮球液位计与玻璃管式液位计相比较，它不怕破裂，示值更为清晰，适用于油污类液体介质或者有毒有害的介质。指针式浮球液位计属机械结构，安全性高。

1）结构

指针式浮球液位计主要由浮球、浮杆、圆锥齿轮、磁钢、连接法兰、指针系统、表盘等组成，如图 7-9 所示。

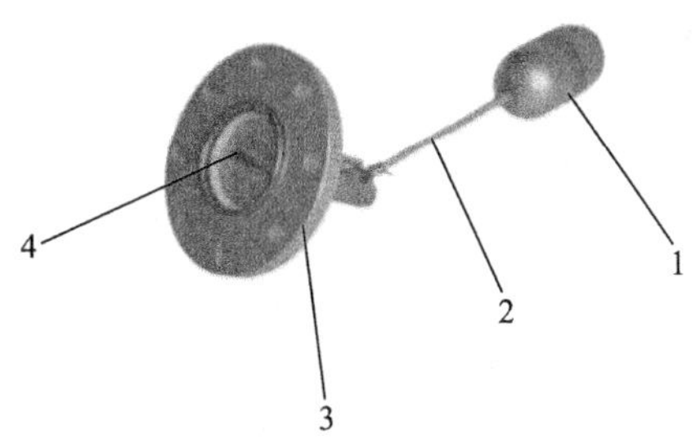

图 7-9　指针式浮球液位计

1—浮球；2—浮杆；3—法兰；4—表盘

2）工作原理

当容器内液位升降时，浮球随之升降，通过连杆带动齿轮转动，从而使齿轮与同轴的一块磁钢产生转动，通过磁力作用带动位于显示板内的另一块磁钢做相应转动，与之同轴的指针便在刻度盘上指示出相应的液位值。

3）日常维护及注意事项

（1）日常维护。

①保持仪表清洁，指针转动灵活。

②保证刻度清晰。

（2）注意事项。

①浮球应安装在运动时不受妨碍的位置上。

②被测介质不应含有铁磁性杂质。

③严禁碰撞、敲击。

2. 常见故障分析与处理方法

指针式浮球液位计故障原因分析及处理方法见表 7-6。

表 7-6　指针式浮球液位计故障原因分析及处理方法表

序号	故障现象	故障原因分析	处理方法
1	液位升降时仪表指针不动	（1）浮球渗漏或浮球损坏； （2）浮杆脱落； （3）浮杆与圆锥齿轮连接处卡死	（1）更换浮球； （2）重新安装，使浮球与浮杆连接牢固； （3）清理浮杆与圆锥齿轮连接处杂物
2	液位变化时浮球液位输出不灵敏	（1）密封圈过紧； （2）浮球变形	（1）调整密封部件； （2）更换浮球
3	无液位但指针有指示	浮球脱落、变形、破裂	重新安装或更换浮球
4	指示误差大	连接部件松动	检查并调整连接部件

四、雷达液位计

雷达液位计属于通用型液位计，它是基于时间行程原理的测量仪表，雷达波以光速运行，运行时间可以通过电子部件被转换成物位信号。探头发出高频脉冲并沿缆绳传播，当脉冲遇到物料表面时反射回来被仪表内的接收器接收，并将距离信号转化为物位信号。

1. 基础知识

雷达液位计通过发射能量极低的极短微波脉冲，通过天线系统发射并接收。其最大的特点是：无论是有毒介质、腐蚀性介质，还是粉尘性、浆状介质，它都可以进行测量。

1）结构

雷达液位计主要由雷达探测器（一次表）、雷达显示器（二次表）构成。雷达探测器主要由主体、连接法兰和天线三部分组成，如图 7-10 所示。

图 7-10　雷达液位计

2）工作原理

雷达液位计是以时域反射原理（TDR）为基础的液位计，雷达液位计的电磁脉冲以光速沿钢缆或探棒传播，当遇到被测介质表面时，雷达液位计的部分脉冲被反射形成回波并沿相同路径返回到脉冲发射装置，发射装置与被测介质表面的距离同脉冲在其间的传播时间成正比，经计算得出液位高度。其关系式如下：

$$D=CT/2$$

式中　D——雷达液位计到液面的距离；

C——光速；

T——电磁波运行时间。

3）日常维护及注意事项

（1）日常维护。

①定期检查和清理喇叭口或天线上的附着物。

②消除干扰波的影响。

③天线的轴线应与液位的反射表面垂直。

（2）注意事项。

①雷达液位计测量范围要从它接触到波束时开始计算，但是如果雷达液位计的罐底部位是凹形，则要从它的最低点算起。

②使用时要注意其介电常数，在测量液面波动较大或介电常数较低的物料的液位，雷达物位计的量程应预留 1 倍余量或更多，这样能够获得更好的测量精度。

③在测量时要考虑腐蚀及黏附的影响，测量范围的终值应距离天线的尖端至少 100mm。

④天线会对最小测量范围产生影响。

⑤设置一段安全距离附加在盲区上，能够起到过溢保护作用。

2. 常见故障分析与处理方法

雷达液位计故障原因分析及处理方法见表 7-7。

表 7-7　雷达液位计故障原因分析及处理方法表

序号	故障现象	故障原因分析	处理方法
1	测量值明显失真	（1）天线结垢或有遮挡物； （2）排空时天线或附近的凝聚物产生干扰回波； （3）物料排空时槽罐内固定组件引起强烈回波； （4）液面升高，槽内多重回波增加	（1）清理天线或天线附近的附着物； （2）激活并合理地设置窗口“抵制”距离； （3）进行固定组件回波“抑制”； （4）修改现场抑制距离
2	测量值波动	（1）介质表面剧烈起伏； （2）干扰回波增强	（1）调整应用参数； （2）安装更大规格的天线
3	仪表出现失波错误或死机	介质液面产生旋涡、湍动	设定最优的应用参数

第五节　温度计

温度计是测温仪器的总称，现场上常用的有双金属温度计、玻璃棒温度计。

一、双金属温度计

双金属温度计是一种测量中低温度的现场检测仪表，可以直接测量各种生产过程中的 −80 ～ 500℃范围内液体、蒸汽和气体介质温度。

1. 基础知识

双金属温度计的主要元件是一个用两种或多种金属片叠压在一起组成的多层金属片，利用两种不同金属在温度改变时膨胀程度不同的原理工作的。

1）结构

双金属温度计由螺旋形双金属感温元件、支撑双金属感温元件的细轴、连接指针与双金属片顶端的杠杆、刻度盘、保护套管和固定螺母组成。双金属感温元件置于保护套管内，一端固定在套管底部，另一端连接在细轴上，细轴的顶端装有指针，双金属通过细轴带动指针在刻度盘上指示出被测温度，如图 7-11 所示。

图 7-11　双金属温度计

2）工作原理

双金属温度计是将绕成螺旋形的热双金属片作为感温器件，并把它装在保护套管内，其中一端固定，称为固定端；另一端连接在一根细轴上，称为自由端。在自由端线轴上装有指针。当温度发生变化时，感温器件的自由端随之发生转动，带动细轴上的指针发生角度变化，在标度盘上指示对应的温度。

3）产品型号

双金属温度计的型号意义如图 7-12 所示。

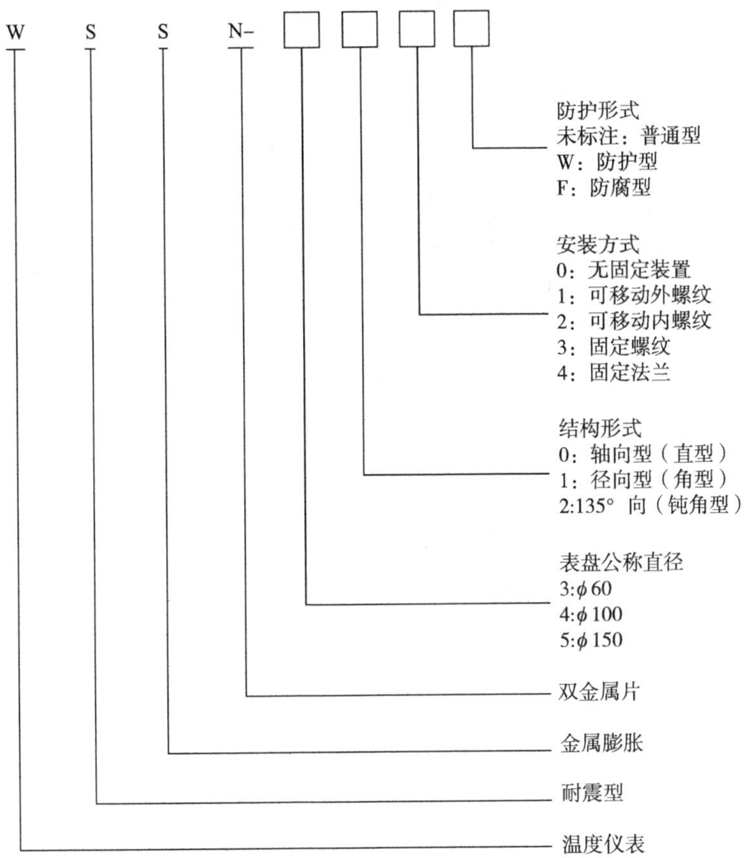

图 7-12　双金属温度计型号意义

4）日常维护及注意事项

（1）日常维护。

①保持表盘清洁，无污物。

②定期校验。

（2）注意事项。

①严禁碰撞，安装时严禁扭动仪表外壳。

②安装位置要便于操作人员观察，并配备防爆照明。

③仪表经常工作的温度最好能在刻度范围的 1/2 ～ 3/4 处。

④双金属温度计保护管浸入被测介质中长度必须大于感温元件的长度，以保证测量的准确性。

⑤在测量温度时不宜突然将其直接置于高温介质中。

⑥定期进行校验。

2. 常见故障分析与处理方法

双金属温度计故障原因分析及处理方法见表 7-8。

表 7-8　双金属温度计故障原因分析及处理方法表

序号	故障现象	故障原因分析	处理方法
1	表盘指针不转动	（1）膨胀管内污物淤积而阻塞； （2）扇形齿轮与小齿轮阻力过大； （3）两齿轮磨损过多，无法啮合	（1）洗掉膨胀管内污物，用钢丝疏通； （2）调整配合间隙至适中； （3）更换两齿轮
2	指针回转迟钝或跳动	（1）传动件的配合间隙过小，传动不灵活； （2）传动件间活动部位有积污，传动不灵活； （3）自由端与连杆连接不灵活； （4）指针与表盘有摩擦	（1）增大配合间隙或加钟表油； （2）清洗除锈，除污物或更换传动件； （3）调整连接方式至灵活为止； （4）矫正指针，加厚玻璃下面的衬圈
3	指针转动不平稳	（1）扇形齿轮倾斜； （2）指针轴弯曲； （3）夹板弯曲； （4）支柱倾斜，引起上下夹板不平行	（1）矫正或更换扇形齿轮； （2）校直指针轴； （3）校正夹板平直度； （4）校正支柱，加减垫圈使夹板平行
4	指针偏离零位，示值误差超过允许值	（1）传动机构的紧固螺钉松动； （2）弹簧管产生永久变形	（1）拧紧固定螺钉； （2）重装指针，必要时更换新弹簧管

二、玻璃棒温度计

玻璃棒温度计是一种用于测量温度的玻璃仪器，简称温度计。玻璃棒温度计结构简单，使用方便，测量准确。

1. 结构

玻璃棒温度计一般采用孔径均匀的玻璃毛细管制成。管的外壁标有刻度，感温泡内盛膨胀系数大于玻璃的金属汞、酒精等感温液体，如图 7-13 所示。

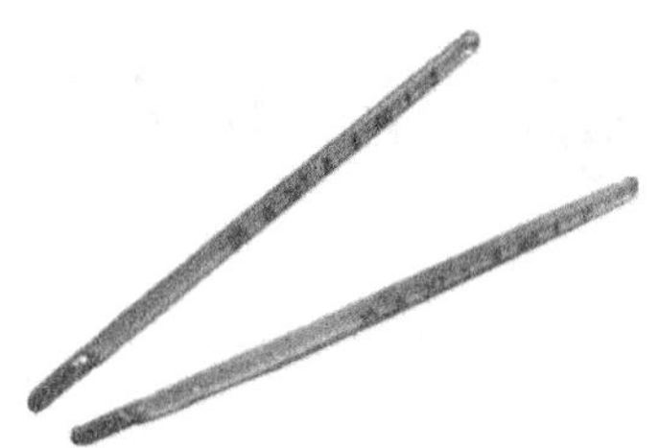

图 7-13　玻璃棒温度计

2. 工作原理

玻璃棒温度计依据液体热胀冷缩的原理制成，当温度升高时，感温液体膨胀，感温液沿毛细管上升，当温度计的感温液与被测物质达到平衡时，被测物质的温度值即可以从刻度标尺上读出。

3. 日常维护及注意事项

1）日常维护

（1）保持玻璃棒温度计表面洁净。

（2）玻璃棒温度计保持刻度清晰。

2）注意事项

（1）测量值不能够超出温度计标度的测量范围。

（2）读数时，视线要与温度计垂直。

（3）不能用温度计搅拌，以免断裂。

（4）应定期校验。

第六节　变送器

变送器有多种，本节主要介绍压力变送器、温度变送器、液位变送器。

一、压力变送器

压力变送器是工业实践中最为常用的一种传感器，其广泛应用于各种工业自控环境，涉及水利水电、铁路交通、智能建筑、生产自控、航空航天、军工、石化、油井、电力、船舶、机床、管道等众多行业。

1. 基础知识

压力变送器是指以输出为标准信号的压力传感器，是一种接受压力变量按比例转换为标准输出信号的仪表。它能将测压元件传感器感受到的气体、液体等物理压力参数转变成标准的电信号（如 4 ～ 20mA DC 等），以供给指示报警仪、记录仪、调节器等二次仪表进行测量、指示和过程调节。

1）结构

压力变送器的组成主要就是压力传感器、测量电路及过程连接件三部分构成。最为主要的部分是其压力传感器，它能够接收到气体及液体等物理压力参数，通过测量电路转为标准的电信号。然后标准的电信号可以远传给二次仪表，来进行测量、显示及调节，如图 7-14 所示。

图 7-14　压力变送器

2）工作原理

将压力的力学信号转变成电流（4 ～ 20mA），这样的电子信号压力和电压或电流大小呈线性关系，一般是正比关系。所以，压力变送器输出的电压或电流随压力增大而增大，由此得出一个压力和电压或电流的关系式。压力变送器的被测介质的两种压力通入高、低两压力室，低压室压力采用大气压或真空，作用在 δ 元（即敏感元件）的两侧隔离膜片上，通过隔离片和元件内的填充液传送到测量膜片两侧。压力变送器是由测量膜片与两侧绝缘片上的电极各组成一个电容器。当两侧压力不一致时，致使测量膜片产生位移，其位移量和压力差成正比，故两侧电容量就不等，通过振荡和解调环节，转换成随压力变化与变化的信号。

3）日常维护及注意事项

（1）日常维护。

①检查安装孔的尺寸：如果安装孔的尺寸不合适，传感器在安装过程中，其螺纹部分就很容易受到磨损。这不仅会影响设备的密封性能，而且使压力传感器不能充分发挥作用，甚至还可能产生安全隐患。只有合适的安装孔才能够避免螺纹的磨损（螺纹工业标准 1/2-20UNF2B），通常可以采用安装孔测量仪对安装孔进行检测，以做出适当的调整。

②保持安装孔的清洁：保持安装孔的清洁并防止熔料堵塞对保证设备的正常运行来说十分重要。在挤出机被清洁之前，所有的压力传感器都应该从机筒上拆除以避免损坏。在拆除传感器时，熔料有可能流入到安装孔中并硬化，如果这些残余的熔料没有被去除，当再次安装传感器时就可能造成其顶部受损。清洁工具包能够将这些熔料残余物去除。然而，重复的清洁过程有可能加深安装孔对传感器造成的损坏。如果这种情况发生，就应当采取措施来升高传感器在安装孔中的位置。

③选择恰当的位置：当压力传感器的安装位置太靠近生产线的上游时，未熔融的物料可能会磨损传感器的顶部；如果传感器被安装在太靠后的位置，在传感器和螺杆行程之间可能会产生熔融物料的停滞区，熔料在那里有可能产生降解，压力信号也可能传递失真；如果传感器过于深入机筒，螺杆有可能在旋转过程中触碰到传感器的顶部而造成其损坏。一般来说，传感器可以位于滤网前面的机筒上、熔体泵的前后或者模具中。

④仔细清洁：在使用钢丝刷或者特殊化合物对挤出机机筒进行清洁前，应该将所有的传感器都拆卸下来。因为这两种清洁方式都可能会造成传感器的震动膜受损。当机筒被加热时，也应该将传感器拆卸下来并使用不会产生磨损的软布来擦拭其顶部，同时传感器的孔洞也需要用清洁的钻孔机和导套清理干净。

（2）注意事项

①防止变送器与腐蚀性或过热的介质接触。

②防止渣滓在导管内沉积。

③测量液体压力时，取压口应开在流程管道侧面，以避免沉淀积渣。

④测量气体压力时，取压口应开在流程管道顶端，并且变送器也应安装在流程管道上部，以便积累的液体容易注入流程管道中。

⑤导压管应安装在温度波动小的地方。

⑥测量蒸汽或其他高温介质时，需接加缓冲管（盘管）等冷凝器，不应使变送器的工作温度超过极限。

⑦冬季发生冰冻时，安装在室外的变送器必须采取防冻措施，避免引压口内的液体因结冰体积膨胀，导致传感器损坏。

⑧测量液体压力时，变送器的安装位置应避免液体的冲击（水锤现象），以免传感器过压损坏。

⑨接线时，将电缆穿过防水接头（附件）或绕性管并拧紧密封螺帽，以防雨水等通过电缆渗漏进变送器壳体内。

2. 常见故障分析与处理方法

压力变送器故障原因分析及处理方法见表 7-9。

表 7-9　压力变送器故障原因分析及处理方法表

序号	故障现象	故障原因分析	处理方法
1	变送器无输出	（1）变送器电源接反； （2）测量变送器的供电电源，是否有24V 直流电压； （3）如果是带表头的，检查表头是否损坏（可以先将表头的两根线短路，如果短路后正常，则说明是表头损坏）； （4）将电流表串入 24V 电源回路中，检查电流是否正常； （5）电源是否接在变送器电源输入端	（1）把电源极性接正确； （2）必须保证供给变送器的电源电压≥ 12V（即变送器电源输入端电压≥ 12V）。如果没有电源，则应检查回路是否断线、检测仪表是否选取错误（输入阻抗应≤ 250Ω）； （3）表头损坏的则需另换表头； （4）如果正常则说明变送器正常，此时应检查回路中其他仪表是否正常； （5）把电源线接在电源接线端子上
2	变送器输出≥ 20mA	（1）变送器电源是否正常； （2）实际压力是否超过压力变送器的所选量程； （3）压力传感器是否损坏，严重的过载有时会损坏隔离膜片； （4）电路板故障； （5）接线是否松动； （6）电源线接线是否正确	（1）如果小于 12V DC，则应检查回路中是否有大的负载，变送器负载的输入阻抗应符合 $RL \leqslant$（变送器供电电压 −12V）/Ω； （2）重新选用适当量程的压力变送器； （3）需发回生产厂家进行修理； （4）更换电路板； （5）接好线并拧紧； （6）电源线应接在相应的接线柱上

续表

序号	故障现象	故障原因分析	处理方法
3	变送器输出≤ 4mA	（1）变送器电源是否正常； （2）实际压力是否超过压力变送器的所选量程； （3）压力传感器是否损坏，严重的过载有时会损坏隔离膜片	（1）如果小于 12V DC，则应检查回路中是否有大的负载，变送器负载的输入阻抗应符合 *RL* ≤（变送器供电电压 −12V）/Ω； （2）重新选用适当量程的压力变送器； （3）更换新压力变送器

二、温度变送器

温度变送器是温度显示系列仪表的现场安装式温度变送单元。它采用二线式传送方式（两根导线作为电源输入，信号输出的公用传输线）。它作为新一代测温仪表可广泛应用于冶金、石油化工、电力、轻工、纺织、食品、国防以及科研等工业部门。

1. 基础知识

温度变送器是将热电偶、热电阻信号变化成与输入电信号或被测温度成线性的 4 ～ 20mA 的输出信号，变送器可以安装于热电偶、热电阻的接线盒内与之形成一体化结构，部分型号带有显示屏，能够现场显示温度。

1）结构

温度变送器结构如图 7-15 所示。

图 7-15　温度变送器

2）工作原理

温度传感器（热电偶或热电阻）测量温度，并将其转换为电信号，温度变送器将电信号转换为标准信号输出，通常是 4 ～ 20mA 电流信号或 0 ～ 10V 电压信号，标准信号输出被传输到控制系统中，以便于监测和控制温度。

3）日常维护及注意事项

（1）日常维护。

①变送器在运行中应保持清洁、零部件完整。

②原则上不允许带电拆卸变送器或仪表接线，需要更换或拆卸时，应按防爆要求停电后进行。

③应定期检查校验各项技术指标是否符合要求。

（2）注意事项。

①避免变送器与腐蚀性介质接触。

②安装变送器前应添加充足导热油。

③接线时，将电缆穿过防水接头（附件）或绕性管并拧紧密封螺帽，以防雨水等通过电缆渗漏进变送器壳体内。

2. 常见故障分析与处理方法

温度变送器故障原因分析及处理方法见表 7-10。

表 7-10　温度变送器故障原因分析及处理方法表

序号	故障现象	故障原因分析	处理方法
1	测量仪表指示不稳定	（1）热电极（或热电阻）在接线柱处接触不良； （2）热电偶（或热电阻）有断续短路或断续接地现象； （3）热电极（或热电阻）已断或似断非断； （4）热电偶（或热电阻）安装不牢固，发生摆动； （5）补偿导线有接地或断续短路现象	（1）重新接好； （2）将热电偶（或热电阻）的热电极从保护管中取出，找出故障点并予以消除； （3）更换新电极； （4）安装牢固； （5）找出故障点并予以消除
2	无信号输出	电源接错或仪表故障	确认电源符合规定，与专业人员联系处理
3	输出信号保持不变	（1）测量腔液体冻结； （2）仪表前的阀门没打开	（1）加电热带、保温防冻； （2）打开阀门，保持连通状态
4	输出误差较大	零点漂移	送专业机构重新调整零点

三、液位变送器（差压变送器）

差压变送器用于防止管道中的介质直接进入变送器里，感压膜片与变送器之间靠注满流体的毛细管连接起来。它用于测量液体、气体或蒸汽的液位、流量和压力，然后将其转变成 4 ～ 20mA DC 信号输出。液位变送器广泛应用于石油、化工、电力、冶金、水务、酿造等工业领域。

1. 基础知识

差压变送器包括表压、差压、绝对压力、高静压差压等多个品种，差压变送器包括两个功能单元：主单元、辅助单元，主单元包括传感器和过程连接。差压变送器中心传感单元采用高精度硅技术，双过载保护膜片设计，单向过压最高可达40MPa，量程的上下限范围内，可以任意调整，适应性更广，选择量程比尽可能低的量程代码，以优化性能特征，多参量输出应用可选。

1）结构

差压变送器结构如图7-16所示。

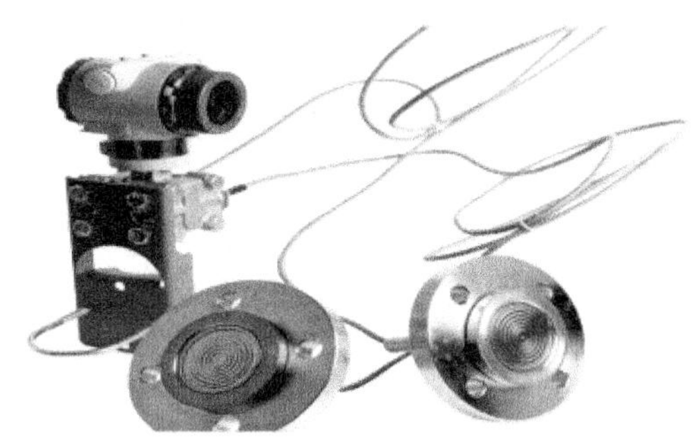

图7-16　差压变送器

2）工作原理

来自双侧导压管的差压直接作用于变送器传感器双侧隔离膜片上，通过膜片内的密封液传导至测量元件上，测量元件将测得的差压信号转换为与之对应的电信号传递给转换器，经过放大等处理变为标准电信号输出。

3）日常维护及注意事项

（1）日常维护。

①差压变送器在运行中应保持清洁、零部件完整，导压管不可折弯。

②原则上不允许带电拆卸变送器或仪表接线，需要更换或拆卸时，应按防爆要求停电后进行。

③应定期检查校验各项技术指标是否符合要求。

（2）注意事项。

①差压变送器调校前请水平放置，安装至现场后，应进行零点调整。

②在加压之前，应安装并紧固好流程连接。

③差压变送器应安装在干燥的环境下，切忌雨水冲刷，在恶劣环境下，应使用保护箱。

④禁止用户自行拆装。
⑤通电时，不得在爆炸性 / 易燃性环境下拆卸表盖。
⑥请用户自行检查供电电压是否符合供电电压要求。
⑦要防止渣滓在导压管内沉积。
⑧差压变送器两边导压管内的液柱压头应保持平衡。
⑨导压管应安装在温度梯度和温度波动小的地方。
⑩防止引压管内结晶或低温结冰。

2. 常见故障分析与处理方法

差压变送器故障原因分析及处理方法见表 7-11。

表 7-11　差压变送器故障原因分析及处理方法表

序号	故障现象	故障原因分析	处理方法
1	无信号输出	（1）电源接错或仪表故障； （2）法兰、放大器及受压部安装、连接不正确	（1）确认电源符合规定，与专业人员联系处理； （2）重新正确安装
2	输出信号不稳定	（1）有外部干扰； （2）介质温度、环境温度变化； （3）接线端接触不良； （4）放大器、受压部故障	（1）避开干扰，正确接地； （2）进行隔热处理； （3）检查接线端，使之接触良好； （4）请专业人员检查维修
3	输出信号保持不变	（1）测量腔液体冻结； （2）仪表前的阀门没打开	（1）加电热带、保温防冻； （2）打开阀门，保持连通状态
4	误差较大	零点漂移	送专业机构重新调整零点
5	显示数据频繁波动	（1）测量腔出现污垢； （2）导压管未固定或固定方法不正确	（1）清洗测量腔； （2）将导压管固定在不受风力和振动影响的支架上

案例分析

【案例 1】安全阀失效导致发生爆炸

1. 问题描述

2004 年 8 月 19 日 21 时 40 分，某纸业有限公司发生锅炉爆炸重大事故，造成 3 人死亡，3 人重伤，7 人轻伤。

2. 原因分析

事故发生时，分汽缸上供汽阀呈完全关闭状态，安全阀失灵，锅炉处于密闭状态。由于安全阀失效，无法自动排汽泄压，锅炉压力逐步上升，直至发生爆炸是事故的直接原因。

3. 处理措施

（1）按照事故“四不放过”原则处理。

（2）更换锅炉。

4. 预防措施

（1）操作人员必须持证上岗。

（2）对锅炉的安全附件定期进行检查，确认锅炉安全阀有效可靠。

（3）加强岗位员工的培训。

【案例 2】安全阀启动泄压至校验压力后不回座

1. 问题描述

某采油站水套式加热炉安全阀校验压力为 0.3MPa，在运行过程中壳体压力升高到校验压力后安全阀启动泄压，压力下降至 0.25 时仍处于排气泄压状态。

2. 原因分析

安全阀启动泄压，阀瓣在导向套中回弹受阻导致呈现常开状态。

3. 处理措施

站长对安全阀反复采取手动泄压措施将弹簧压缩瞬间松开手机柄的方法实现阀瓣回座，关闭炉火待压力归零后炉体放余压更换新安全阀。

4. 预防措施

定期对安全阀实施手动泄压操作，发现阀瓣不回座问题及时更换新安全阀。

【案例3】更换压力表，控制阀飞出伤人

1. 问题描述

某员工在巡井时发现某水井压力表损坏，便关闭压力表控制阀，更换压力表，在拆卸过程中控制阀飞出伤人。

2. 原因分析

（1）压力表控制阀未上紧，在有外力作用的情况下，脱扣飞出。
（2）控制阀扣型不符，没有按照扣型的要求更换相应的阀门。

3. 处理措施

更换与螺纹型相符的控制阀，上紧压力表。

4. 预防措施

（1）在日常维护中，更换配件要与设备设施相配套。
（2）控制阀安装要紧固。

【案例4】压力表导压管凝堵突然畅通造成压力表爆裂喷油

1. 问题描述

某采油站员工对抽油机井实施蹩泵验管操作，关闭出油阀门后压力不上升，憋压10min后压力表突然爆裂喷油。

2. 原因分析

低温下压力表导管内有高含蜡原油进入发生凝堵，油井内的油管压力上升压力表无反应，油管内压力超过压力表量程后凝堵段畅通造成压力表内弹簧管破裂，油管内原油从破裂处喷出。

3. 处理措施

打开出油阀门将油管内憋起的高压释放，抢关压力表控制阀门后重新更换量程适合的新压力表。

4. 预防措施

蹩泵操作前关闭压力表控制阀门，卸下压力表观察指针是否落零，指针落零方可进行憋压操作。

【案例 5】表盘液位计液位正常，磁浮子液位计液位无变化

1. 问题描述

某站员工巡回检查时，发现站内缓冲罐磁浮子液位计液位长时间无变化，于是启泵输油，表盘液位计液位下降，而缓冲罐的磁浮子液位计在输油过程中翻板磁条不随液位高低而升降。

2. 原因分析

站长通过对液位计进行放空操作发现液位依然无变化，初步判断为液位计磁浮子被卡死，站长及维护岗人员立即对磁浮子液位计进行冲洗，经拆卸发现上下连接阀门液位计的工作筒内有异物。

3. 处理措施

（1）将浮子取出进行清洗。

（2）清理工作筒内异物，冲洗工作筒。

（3）安装好磁浮子，并进行磁性校正，磁浮子液位计计量显示恢复正常。

4. 预防措施

（1）经常对磁浮子进行清洁处理或者定期对工作筒进行冲洗。

（2）安装磁浮子时注意安装方向。

（3）防止表面积累过量的污物或粉尘，影响仪表正常显示。

【案例 6】磁浮子液位计乱磁现象

1. 问题描述

某站员工在巡回检查时发现，磁浮子液位计在运行过程中，指示器磁钢红白紊乱，液位无法判断，将此问题汇报给站长。

2. 原因分析

磁浮子液位计长时间使用后，磁钢性能出现不稳定现象，导致部分浮子的磁钢和指示器的部分小磁钢的磁性减弱或消失，失去磁钢之间相互的磁耦合作用，无法带动指示器的小磁钢翻转，从而产生指示器磁钢红白紊乱的情况，即“乱磁”现象。

3. 处理措施

（1）使用磁条进行矫正。

（2）磁钢磁性减弱或损坏，更换液位计或磁钢。

4. 预防措施

（1）定期检查液位计磁钢磁性。

（2）定期进行磁性校正，维护受损的液位计。

练习题及答案

第一节

1. 单选题（每题有4个选项，只有1个是正确的，将正确的选项填入括号内）

（1）弹簧式安全阀通常由阀座、筒体和（　）组成。

A. 阀芯　　B. 阀盘　　C. 执行机构　　D. 加载机构

（2）安全阀阀瓣在导向套中摩擦阻力大，间隙太小或不同轴，会造成安全阀（　）。

A. 不动作　　B. 频跳　　C. 泄漏　　D. 回坐迟缓

（3）安全阀弹簧因受载过大而失效或弹簧因腐蚀弹力降低会造成安全阀（　）。

A. 不动作　　B. 频跳　　C. 泄漏　　D. 回坐迟缓

（4）安全阀型号 A47H-16C 中，符号 A 表示（　）。

A. 阀体材料代号　　B. 阀座密封面材料代号

C. 结构形式代号　　D. 类型代号

（5）安全阀型号 A47H-16C 中，符号 C 表示（　）。

A. 阀体材料代号　　B. 阀座密封面材料代号

C. 结构形式代号　　D. 类型代号

2. 判断题（对的画“√”，错的画“×”）

（　）（1）安全阀按性能可分为杠杆式安全阀、弹簧式安全阀和脉冲式安全阀3种。

（　）（2）安全附件是为了使压力容器、设备及管道安全运行而安装的一种安全装置、油田常见的安全附件有安全阀、呼吸阀、压力表、液位计、温度计、变送器等。

（　）（3）安全阀主要用于锅炉、压力容器和管道的保护装置，是应用最为普遍的重要安全附件之一。

（　）（4）安全阀应垂直或水平安装，并装设在容器或管道气相界面位置上。

（　）（5）严禁私自拆开安全阀的铅封或调整开启压力。

参考答案

1. 单选题

（1）D　（2）D　（3）C　（4）D　（5）A

2. 判断题

（1）×　（2）√　（3）×　（4）×　（5）√

第二节

1. 单选题（每题有4个选项，只有1个是正确的，将正确的选项填入括号内）

（1）呼吸阀是保护储罐安全的重要附件，由压力阀和（　）两部分组成。

A. 放空阀　B. 真空阀　C. 吸入阀　D. 排出阀

（2）呼吸阀在运输途中应避免碰撞，否则会造成（　）受损。

A. 阀体　B. 法兰密封面　C. 阀座　D. 阀芯

（3）呼吸阀油蒸气、水分与尘土等杂物结合，使阀盘、阀座、导杆（　）。

A. 堵塞　B. 漏气　C. 粘连　D. 卡死

（4）机械呼吸阀主要由（　）、阻火层、吸入阀和排出阀等组成。

A. 阀座　B. 阀盘　C. 阀芯　D. 阀瓣

（5）呼吸阀的阀盘、阀座变形或阀盘导杆倾斜会造成呼吸阀（　）。

A. 堵塞　B. 漏气　C. 粘连　D. 卡死

2. 判断题（对的画“√”，错的画“×”）

（　）（1）呼吸阀的工作原理是：当容器承受正压时，呼吸阀打开吸入气体，平衡内外压力，确保容器安全；当容器承受负压时，呼吸阀打开呼出气体泄放压力。

（　）（2）呼吸阀夏季每月进行一次保养，冬季每月两次。

（　）（3）呼吸阀应垂直安装于储罐顶部或底部，不可横放和倒置。

（　）（4）由于气温变化，会导致空气中的水分在呼吸阀的阀体、阀盘、阀座和导杆等部位凝结。

（　）（5）呼吸阀是储罐不可缺少的安全附件，其功能是平衡储罐内外压力。

参考答案

1. 单选题

（1）B　（2）B　（3）C　（4）B　（5）B

2. 判断题

（1）×　（2）√　（3）×　（4）√　（5）√

第三节

1. 单选题（每题有 4 个选项，只有 1 个是正确的，将正确的选项填入括号内）

（1）弹簧管压力表主要由弹簧管、（　）、指示机构和表壳 4 部分组成。

A. 显示机构　B. 测量机构　C. 传动机构　D. 加载机构

（2）使用压力表测量压力时，被测压力应在压力表量程的（　）之间。

A.1/4 ～ 3/4　B.1/2 ～ 2/3　C.1/3 ～ 1/2　D.1/3 ～ 2/3

（3）弹簧管压力表的固定端与（　）连通。

A. 扇形齿轮　B. 表接头　C. 中心轴　D. 指针

（4）经常使用的压力表的精度为（　）级和（　）级。

A.1.5、2.5　B.0.5、1.0　C.0.5、1.5　D.1.0、1.5

（5）传动机构一般称为（　），它包括扇形齿轮、中心齿轮、游丝和上下夹板、中心轴等零件。

A. 机芯　B. 阀芯　C. 表芯　D. 传动芯

2. 判断题（对的画“√”，错的画“×”）

（　）（1）压力表是指以弹性元件为敏感元件，测量并指示高于环境压力的仪表。

（　）（2）压力是工业生产中的重要工艺参数之一，若压力不符合要求，不会影响生产效率、降低产品质量，甚至还会造成严重的安全事故。

（　）（3）压力表应垂直安装，并力求与测量点间保持同一垂直位置。

（　）（4）压力表的量程越大，同样精度等级的压力表，它测得压力值的绝对值允许误差越大。

（　）（5）压力表按结构可分为普通型（标准）、蒸汽用普通型（M）、耐热型（H）、耐振型（V）、蒸汽用耐振型（MV）和耐热耐振型（HV）6 种。

参考答案

1. 单选题

（1）C　（2）D　（3）B　（4）A　（5）A

2. 判断题

（1）√ （2）× （3）× （4）√ （5）×

第四节

1. 单选题（每题有4个选项，只有1个是正确的，将正确的选项填入括号内）

（1）当被测容器中的液位升降时，磁浮子液位计内的永久磁钢通过磁耦合传递到磁翻柱指示器，驱动红翻柱、白翻柱翻转（ ）。

A.360° B.180° C.120° D.90°

（2）玻璃管式液位计的玻璃管公称直径为（ ）两种。

A.10mm 和 20mm B.15mm 和 20mm

C.15mm 和 25mm D.20mm 和 25mm

（3）雷达液位计通过发射能量极低的极短微波（ ），通过天线系统对反射回的信号进行接收，实现判断液面高度的目的。

A. 光波信号 B. 声波信号 C. 脉冲信号 D. 调频信号

（4）具有磁性耦合隔离密闭机构的液位计是（ ）。

A. 浮标液位计 B. 磁浮子液位计

C. 指针式浮球液位计 D. 雷达液位计

（5）指针式浮球液位计主要由浮球、浮杆、（ ）、磁钢、连接法兰、指针系统、表盘等组成。

A. 圆锥齿轮 B. 渐开线齿轮 C. 圆柱齿轮 D. 人字齿轮

2. 判断题（对的画“√”，错的画“×”）

（ ）（1）玻璃管式液位计主要由上阀体、下阀体、玻璃管和放水阀等构件组成。

（ ）（2）指针式浮球液位计是用于直接指示各种敞开或封闭容器内液位高度的指针式仪表。

（ ）（3）容器上与玻璃管液位计连接的两法兰端面应保证在同一垂直平面内，否则容易导致玻璃管折断、泄漏。

（ ）（4）雷达液位计通过发射能量很高的极短的微波脉冲，通过天线系统发射并接收。

（ ）（5）指针式浮球液位计具有显示直观醒目、无须电源、安装方便可靠、维护量小、维修费用低的优点，是玻璃管式液位计的升级换代产品。

参考答案

1. 单选题

（1）B　（2）C　（3）C　（4）B　（5）A

2. 判断题

（1）√　（2）×　（3）√　（4）×　（5）×

第五节

1. 单选题（每题有 4 个选项，只有 1 个是正确的，将正确的选项填入括号内）

（1）当玻璃棒温度计的温度升高时，感温液体膨胀，感温液沿（　）上升。

A. 毛细管　B. 玻璃管　C. 感温泡　D. 刻度标尺

（2）双金属温度计是一种测量（　）温度的现场检测仪表。

A. 低　B. 中低　C. 高　D. 中高

（3）双金属温度计经常工作的温度最好能在刻度范围的（　）处。

A.1/4 ～ 3/4　B.1/2 ～ 2/3　C.1/2 ～ 3/4　D.1/3 ～ 2/3

（4）双金属温度计可以直接测量各种生产过程中的（　）范围内液体、蒸汽和气体介质温度。

A.-60 ～ 500℃　B.-80 ～ 500℃　C.80 ～ 500℃　D.60 ～ 500℃

（5）测量时温度计的（　）应与被测物体充分接触。

A. 毛细管　B. 刻度　C. 感温泡　D. 温标

2. 判断题（对的画“√”，错的画“×”）

（　）（1）双金属温度计的主要元件是一个用两种金属片叠压在一起组成的多层金属片，利用两种不同金属在温度改变时膨胀程度不同的原理工作的。

（　）（2）双金属温度计保护管浸入被测介质中长度必须大于等于感温元件的长度，以保证测量的准确性。

（　）（3）玻璃棒温度计一般采用孔径均匀的玻璃毛细管制成。

（　）（4）当玻璃棒温度计的感温液与被测物质达到平衡时，被测物质的温度值即可以从刻度标尺上读出。

（　）（5）被测物体的温度，允许使用温度超过温度计的最大刻度值的测量值。

参考答案

1. 单选题

（1）A （2）B （3）C （4）B （5）C

2. 判断题

（1）× （2）× （3）√ （4）√ （5）×

第六节

1. 单选题（每题有4个选项，只有1个是正确的，将正确的选项填入括号内）

（1）压力变送器是指以输出为标准信号的压力传感器，是一种接受压力变量按比例转换为标准（ ）信号的仪表。

A. 输入 B. 输出 C. 可视 D. 电磁

（2）温度变送器是将热电偶、热电阻信号变化成与输入电信号或被测温度成线性的（ ）的输出信号，变送器可以安装于热电偶、热电阻的接线盒内与之形成一体化结构，部分型号带有显示屏，能够现场显示温度。

A.4 ～ 20mA B.2 ～ 40mA C.2 ～ 15mA D.4 ～ 25mA

（3）温度变送器将温度传感元件（热电阻或热电偶）与信号转换放大单元有机集成在一起，用来测量各种工艺过程（ ）范围内的液体、蒸汽及其他气体介质或固体表面的温度。

A.0 ～ 1600℃ B.-100 ～ 1600℃

C.-200 ～ 1600℃ D.-200 ～ 1000℃

（4）差压变送器中心传感单元采用高精度硅技术，双过载保护膜片设计，单向过压最高可达（ ），量程的上下限范围内，可以任意调整，适应性更广，选择量程比尽可能低的量程代码，以优化性能特征，多参量输出应用可选。

A.20MPa B.30MPa C.40MPa D.50MPa

（5）差压变送器包括表压、差压、绝对压力、高静压差压等多个品种，差压变送器包括（ ）。

A. 一个功能单元 B. 两个功能单元

C. 三个功能单元 D. 四个功能单元

2. 判断题（对的画“√”，错的画“×”）

（ ）（1）压力变送器的组成主要就是压力传感器、测量电路及过程连接件三部分构成。

(　　)(2)温度变送器将温度传感元件(热电阻或热电偶)与信号转换放大单元有机集成在一起，用来测量各种工艺过程 -100 ～ 1600℃范围内的液体、蒸汽及其他气体介质或固体表面的温度。

(　　)(3)变送器在运行中应保持清洁、零部件完整。

(　　)(4)差压变送器中心传感单元采用高精度硅技术，双过载保护膜片设计，单向过压最高可达 30MPa，量程的上下限范围内，可以任意调整，适应性更广，选择量程比尽可能低的量程代码，以优化性能特征，多参量输出应用可选。

(　　)(5)差压变送器包括表压、差压、绝对压力、高静压差压等多个品种。

参考答案

1. 单选题

(1)B　(2)A　(3)C　(4)C　(5)B

2. 判断题

(1)√　(2)×　(3)√　(4)×　(5)√

参考文献

[1] 张巧明 . 采油站生产设备故障诊断与处理 [M]. 北京：石油工业出版社，2017.

[2] 车太杰 . 采油生产常见故障诊断与处理 [M]. 北京：石油工业出版社，2010.

[3] 张琪，等 . 采油工程原理与设计 [M]. 东营：中国石油大学出版社，2006.